建筑模型制作图解

筑美设计　编著

江苏凤凰科学技术出版社

图书在版编目（CIP）数据

建筑模型制作图解 / 筑美设计编著．——
南京：江苏凤凰科学技术出版社，2019.5
ISBN 978-7-5713-0194-1

Ⅰ．①建… Ⅱ．①筑… Ⅲ．①模型(建筑)－制作－教
材 Ⅳ．①TU205

中国版本图书馆CIP数据核字(2019)第052836号

建筑模型制作图解

编　　　著	筑美设计	
项目策划	凤凰空间/杜玉华	
责任编辑	刘屹立/赵　研	
特约编辑	杜玉华	
版式设计	毛海力	

出版发行	江苏凤凰科学技术出版社
出版社地址	南京市湖南路1号A楼，邮编：210009
出版社网址	http://www.pspress.cn
总　经　销	天津凤凰空间文化传媒有限公司
总经销网址	http://www.ifengspace.cn
印　　　刷	北京市雅迪彩色印刷有限公司

开　　　本	889 mm×1194 mm　1 / 16
印　　　张	10
版　　　次	2019年5月第1版
印　　　次	2019年5月第1次印刷

标准书号	ISBN 978-7-5713-0194-1
定　　　价	69.80元

图书如有印装质量问题，可随时向销售部调换（电话：022-87893668）。

前 言

建筑模型制作是把二维的平面图形转化为三维的立体空间的过程。建筑模型有着直观准确的特点，在室内设计中有着非常重要的作用。通过模型的制作，设计师可以对设计方案进行反复的推敲和修改，从而使设计方案更加完美。同时，模型也是设计师向非专业人士展示自己创意的重要手段。

模型是设计灵感的产物，某种意义上来说，它是一种创造性的工作，带有一定的感性因素，而理解感性塑造的意义体现在人与形态的关系、形态语意的创造方面，这些是形成感性形态的主要因素。人的生理及心理是感性形态产生的主要原因，如时尚与形态美、文化观念与形态美、科学技术与形态美。掌握感性塑造的方法，包括创造富有生命力的形态、使用感性设计的形象语言、塑造形态的指示性与象征性。

我们要在二维平面上表现三维形态存在着一定的表现局限性，因为它不能全方位地、真实地表现出设计内容，所以只有通过模型制作才可以弥补二维设计表现的不足。这种方法建立的产品模型具有立体、全方位的展示效果，便于进行综合设计分析与研究，找出设计中存在的缺点与不足，从而不断补充和完善设计。通过产品模型制作能够使设计师逐渐具备空间形体塑造能力，直接以空间形态表达设计构思。在设计表现中经过对形态、尺度、结构、色彩、材料等因素的反复推敲与调整，可不断地获得各种直观感受，由此引发设计联想。通过对模型的反复检验与推敲，才能产生对设计问题的思考，从而进一步产生创新意识的萌芽。任何设计都是在发现问题并进一步解决问题的思维过程中产生的。

一般而言，建筑模型的材料选配比为 1 ∶ 3 ∶ 6，即普通材料占 60%，中档材料占 30%，高档材料占 10%。在条件允许的情况下，建筑模型以中低档材料为主，适当增添成品装饰板与配景构件，甚至可以配合照明器具来渲染效果，以有限的条件创造无限的精彩。对于建筑模型的装配方面，一些比例过于细小的物件可以购买成品材料，节省时间，提高工作效率。现代建筑模型的制作通常都会用到机械设备，这样既能提高制作速度，还能提升制作品质。我们要学习建筑模型制作，应该创造条件，接触各种先进设备，了解行业发展状况。制作是建筑模型的生成途径，在学习过程中，制作工艺可以多种多样，以教材为依据自由发挥，任何日用品、文具、设备都可能成为模型制作的有效工具，创造出无穷的变化。建筑模型的学习过程既是研究过程又是创新过程，在本书的指导下还要进一步开拓思维，创造新意。

本书一共分为 6 章，由浅入深地讲解了建筑模型的起源发展、设计方法、材料工艺与实际操作，并且通过大量优秀的建筑模型作品来进行点评与分析。本书中涉及的建筑模型图片由业界同行、同事、学生无私提供，经过严格筛选以后才与读者见面。

参与本书编写、提供图片的同仁有：牟思杭、汤留泉、刘惠芳、刘敏、李吉章、李建华、李钦、柯宇、高宏杰、付士苔、邓世超、程媛媛、陈庆伟、边塞、戈必桥、柯举、余文晰、阮伟平、柯露明、郭媛媛、万财荣、杨小云、零韶梅、毛颖、张雪灵、马振轩、张锐、马宝怡、赵思茅、杨静、杨红忠、宋晓妹、黄晓锋、胡文秀、李锋，在此向他们表示衷心的感谢。

编著者

目 录

1

第一章

初识建筑模型

○ 章节导读

　　建筑模型是建筑设计与规划设计中重要且直接的表现形式，建筑模型将二维的设计图纸变成三维的立体展示，更加清晰地表达建筑结构与块面关系（图1-1）。在建筑设计、景观设计、规划设计等方面都具有广泛的应用，并且模型建筑也逐渐成为一门整体系统的学科。本章主要介绍了建筑模型的起源发展、概念等，让大家对于建筑模型有一个初步的认知。

图1-1　图纸与模型

第一节
何为建筑模型

　　建筑模型是介于平面图纸与立体空间之间，将两者有机联系在一起的三维立体模式。建筑模型有助于设计创作的深入，可以直观地表达设计意图，弥补图纸在表现上的局限性。它既是设计师设计过程的一部分，同时也属于设计的一种表现形式，被广泛应用于城市建设、房地产开发、商品房销售、环境艺术设计、工程投标与招商合作等方面。模型作为对设计理念的具体表达，成了设计师、开发商与使用者之间的交流"语言"，而这种"语言"是在三维空间中所构成的仿真实体。对于技术先进、功能复杂、艺术造型富有变化的现代建筑来说，尤其需要用模型来进行设计创作。

　　现代建筑模型是一种用于城市规划、建筑设计、环境艺术设计等多学科的形象思维语言。现代建筑模型品种繁多，大到建筑规划模型，小到建筑内视模型。要求设计创意前卫，制作材料丰富，器械设备先进，加工工艺复杂，既要具有表达设计思想的功能，还要具备较强的艺术观赏价值(图1-2、图1-3)。

图1- 2　建筑规划模型（谭松阳等　制作）

建筑规划模型是根据设计图纸并缩小一定
比例制成的模型。其是包括具体的建筑造
型、层数、高度、道路宽度、景观绿化等
制作出的沙盘模型。

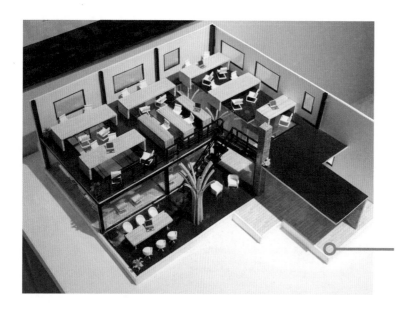

图1- 3　建筑内视模型（曾令杰、李雯琪　制作）

建筑内视模型是按照室内家具比例制作的模型，
一般分为具体内视模型和概念内视模型。

现代建筑模型是依照建筑设计图样或设计构想，缩小一定比例制成的模型。建筑模型在建筑设计中用以表现建筑物或建筑群面貌与空间关系的一种手段，需要以建筑群体组织、建筑外观形体、平面布置、立面造型、结构组织等要素为主体，严谨地表现建筑构图、比例、尺度、色彩、质感与空间感，还要根据需要增添各种装饰、家具陈设，形成具有一定审美感与装饰效果的设计作品。只有经过设计者与制作者多方面考虑与处理，才能形成完美的综合性艺术空间，才具备设计研究、施工指导、展示推广等多种功能（图1-4、图1-5）。

建筑模型是将建筑理念付诸实践的桥梁。建筑模型制作体现了人们对于空间与建筑、平面与立体之间的关系的理解，是绘制设计草图的基本前提。建筑模型设计必将激发入门者以及有经验的模型制作者一种全新的、宝贵的模型制作思路。虽然这些建筑模型的选材、工艺、配饰均不同，但是都要经过反复研讨、分析推敲、不断修改来寻得最佳的效果。

图1- 4　建筑展示模型

建筑展示模型一般针对单体建筑进行制作，讲究建筑模型的结构与细节装饰。

图1- 5　研讨分析模型

研讨分析模型常指用于景区、博物馆等的模型，主要用于研究路线、分析流程等。

第二节
建筑模型的发展历程

模型的制作与应用有着非常悠久的历史，但是真正意义上的建筑设计模型是出现在现代。据《后汉书·马援列传》记载，公元 32 年，汉光武帝征讨陇西的隗嚣，召名将马援商讨进军战略。马援对陇西一带的地理情况很熟悉，就用米堆成一个与实地地形相似的模型，并从战术上做了详细的分析。21

世纪，随着房地产业的迅速发展，建筑模型行业作为房地产业的衍生行业迅速崛起。建筑沙盘模型已悄然成为售楼中心必不可少的工具之一。随着城市规划、房地产业和建筑设计行业的蓬勃发展，建筑模型的设计制作得到了空前的发展，并作为一个新兴行业被越来越多的人关注。

一、明器与法

建筑起源于人类劳动实践，用于日常生产、生活，是人类抵抗自然力的第一道屏障，在大型且复杂的建筑设计中都要以模型的形式来展示建筑的直观景象。

我国的建筑模型发展很早，最早是指浇铸的型样（铸形），用于供奉神灵的祭品放置在墓室中。我国最早的建筑模型是汉代的"陶楼"，它作为一种"明器"随葬于地下。这种"陶楼"采用土坯烧制而成，外观与木构楼阁的造型十分相似，雕梁画栋，十分精美，但它仅仅作为祭祀随葬之用，与同期的鼎、案、炉、镜等器物并无不同之处。但是，随着时间的推移，明器逐渐成为工匠们表达设计思想的有效手段（图 1-6）。

与模型相近的称谓，在我国古代称为"法"，有"制而效之"的意思。东汉末年，公元 121 年成书的《说文解字》注解："以木为法曰模，以竹为之曰范，以土为型，引申之为典型。"在营造构筑之前，首先要利用直观的模型来权衡尺度，审曲度势，虽盈尺而尽其制，这是我国史书上最早出现的模型概念。唐代以后，仍有明器存在，但是建筑设计与施工形成规范，朝廷下属工部主导建设营造，掌握设计与施工的专业技术人员称为"都料"，凡大型建筑工程，除了要绘制地盘图、界画以外，还要求根据图纸制作模型，著名的赵州桥就是典型案例。这种营造体制一直延续到今天。

图 1-6　汉代建筑明器

明器，又称冥器，即古人下葬时的随葬器物。明器一般由陶瓷、木、石制作，也有金属或纸制的。明器对于研究古代人们的生产生活具有极其重要的价值。

图1-7 圆明园清夏堂烫样
图1-8 北海澄性堂烫样

这两张图例的烫样皆是我国清朝雷氏家族制作的。烫样是我国古建筑特有的产物，因为需要熨烫，所以被称为烫样，主要有两种类型：一种是单座建筑烫样；另一种是组群建筑烫样。烫样，是专门为了给皇上御览而制作的。

二、烫样

清代康熙至清末，擅长建筑设计与施工的雷氏家族一直为宫廷建造服务，几代人任样式房"长班"，历时200多年，家藏留传下来的建筑模型颇多，历史上称为"样式雷"烫样。

烫样即建筑模型，它是由木条、纸板等最简单的材料加工而成，包括亭台楼阁、庭院山石、树木花坛、水池船坞，以及室内陈设等几乎所有的建筑构件。这些不同的建筑细节按比例安排，根据设想来布局。烫样既可以自由拆卸，也能够灵活组装，它使建筑布局与空间形象一目了然，是这个建筑世家独一无二的创举。

烫样一方面指导具体的施工，另一方面供皇帝审查批阅，待皇帝批准烫样之后，具体的施工才可以进行。今天，我们只能从这些两个多世纪前的图纸中，来想象当年皇家园林建筑的盛况。规模浩大的圆明园凝聚着雷氏家族的心血，也是我国古建文化艺术史的最高峰（图1-7、图1-8）。

从形式上来看，"样式雷"烫样有两种类型：一种是单座建筑烫样；另一种是组群建筑烫样。单座建筑烫样主要表现拟盖的单座建筑情况，全面反映单座建筑的形式、色彩、材料和各类尺寸数据。

组群建筑烫样多以一个院落或一个景区为单位，除表现单座建筑之外，还表现建筑组群的布局和周围的环境布置。烫样按需要一般分为五分样、一寸样、二寸样、四寸样、五寸样等多种。五分样是指烫样的实际尺寸，每五分（营造尺）相当于建筑实物的一丈，即烫样与实物之间的比例为1：200；一寸样为1：100；二寸样为1：50。以此类推，根据需要来选择烫样。

烫样、图纸、做法说明三者一起才能完成古建筑设计，但又各有分工侧重。烫样侧重于建筑的结构、外观、院落、小范围的组群布局，且包括彩画、装修、室内陈设等，因而是当时建筑设计中的关键步骤。

由于烫样的制作是根据建筑物的设计情况按比例制成的，并标注明确的尺寸，所以它可以作为研究古建筑的重要依据，弥补书籍与实物资料的不足。

中国古建筑一向以其独特的内容与形式自成一体，闻名于世。中国古建筑的艺术美是不容否定的，而制作精巧、颇具匠心的烫样，就是中国古建筑艺术成就的体现，它显示了我国古代劳动人民的智慧与技艺。烫样本身亦可作为艺术品来欣赏，具有一定的艺术价值。

烫样的历史价值不仅在于它是一二百年前遗存下来的历史文物，而且它是当时营造活动最可靠的记录。通过研究烫样，不仅可以了解当时的建筑发展水平、工程技术状况，而且还可以从侧面了解当时的科学技术、工艺制作与文化艺术的历史面貌。

三、沙盘

在古代，沙盘最早是军事将领们指挥战争的用具，它是根据地形图或实地地形，按一定比例用泥砂、兵棋等各种材料堆制而成的模型。在军事上，常供研究地形、敌情、作战方案、组织协调动作和实施训练时使用。

1811年，普鲁士国王菲特烈·威廉三世的文职军事顾问冯·莱斯维茨，用胶泥制作了一件精巧的战场模型，用颜色将道路、河流、村庄、树林这几种元素都表示出来，用小瓷块代表军队与武器，陈列在波茨坦皇宫里，用来进行军事游戏。后来，莱斯维茨的儿子利用沙盘、地图表示地形地貌，以计时器表示军队与武器的配置情况，按照实战方式进行策略谋划。这种"战争博弈"就是现代沙盘的基础。19世纪末至20年代初，沙盘主要用于军事训练，第一次世界大战后，其才在建筑设计中得到应用。

现代建筑沙盘应用广泛，除了用于军事、政治以外，还广泛拓展到历史复原、城市规划、生产规划、休闲娱乐等领域，制作的建筑、环境、陈设、人物极度逼真，在视觉上能让人产生共鸣（图1-9、图1-10）。

图1-10 售楼沙盘

售楼沙盘主要看项目自身状况，小区有几栋楼，内部的规划情况，绿地占多大面积，停车场设计等。还有些项目展示了户型沙盘，让购房者直观地看到该项目户型内部的布局状况。购房者通过沙盘可以了解未来小区规模、建筑造型、楼层楼间距、小区绿化等信息。

图1-9 地形沙盘

地形沙盘是以微缩实体的方式来表示地形地貌特征，并在模型中体现山体、水体、道路等物，主要表现的是地形数据，使人们能从微观的角度来了解宏观的事物。地形模型的应用范围极其广泛，主要运用的领域有：行政、交通、水利、电力、公安指挥、国土资源、旅游、人武部、军事等。

补充要点

售楼沙盘的看盘方法

（1）朝向：首先要分清南北朝向和东西朝向，因为这关系到房子的采光、通风等关键问题。

（2）比例：确定沙盘是否按照实际规划比例制作，合乎规格的沙盘中能够看清楚楼间距和小区内道路布置等基本情况。

（3）绿化：沙盘之所以好看是因为通常会有大面积的绿化，要问清沙盘中绿化的建设与实际是否一致，因为很多沙盘中的绿色与实际出入很大。

（4）停车位：问清沙盘上停车场和地下车库的具体位置以及车位与户数之间的比例，以便根据自己的需要选择临近或远离停车场的房子。

（5）未标注建筑物：沙盘上会有一些方块形的"小摆设"，切记问清它们的用途。因为它们很可能是垃圾房和变电箱之类的设施。

（6）周边道路：了解沙盘中显示的小区周边道路是否真实存在、道路的建设进度及开通时间。这会对今后的出行产生重要影响。

四、现代模型

最早用于建筑设计与施工的模型起源于古埃及，在金字塔的建筑过程中，工匠们将木材切割成型，通过反复演示来推断金字塔的内部承重能力，木制模型要经过多次调整、修改，每次制作出来的模型表面非常光滑，工匠们一丝不苟的态度造就了金字塔的辉煌。古罗马以后，建筑工程不断发展，模型成为建筑设计不可或缺的组成部分，工匠们通常采用石膏、石灰、陶土、木材、竹材来组建模型，并且能随意拆装，对建筑结构与承载力学的研究有着巨大的推动作用，这种方式一直延续至今。

14世纪文艺复兴以后，建筑设计提倡以人为本，建筑模型要求与真实建筑完全一致，在模型制作中注入了比例。菲力波·布鲁乃列斯基的佛罗伦萨主教堂穹顶，在反复拼装、搭配模型后才求得正确的力学数据。17世纪，法国古典主义设计风格除了要求比例精确以外，还在其中注入"黄金分割"等几何定理，使模型的审美进一步得到了升华。18世纪以后，资产阶级权贵又给建筑模型赋予新的定义，即"收藏价值"，在建筑完工后，模型被收藏在所建建筑内醒目的位置，或被公开拍卖，这就进一步提高了对建筑模型质量的要求，唯美逼真，外观华丽，模型不再是指导设计与施工的媒介，而是一件艺术品，由此社会上出现了专职制作模型的工匠与设计师。模型开始成为商品进入市场，并迅速被社会认可。

20世纪初，第二次工业革命以后，建筑模型也随着建筑本身向多样化方向发展，开始运用金属、塑料、玻璃、纺织品等材料进行加工、制作，并且安装声、光、电等媒体产品，使模型的自身价值与内涵大幅度提升，建筑模型设计与制作成为一项独立产业迅速发展。20世纪70年代以后，德国与日本开始成为世界经济的新生力量，世界建筑模型的最高水平基本定位在这两个国家，他们率先加入电子芯片来表现建筑模型的多媒体展示效果，同时，精确的数控机床与激光数码切割机也为建筑模型的制作带来了新的契机。

进入21世纪以来，随着世界物质经济的高速发展，建筑模型中开始增添遥控技术，通过无线电来控制声、光、电综合效果，如地产展示模型、历史场景演示模型等（图1-11、图1-12）。

图1- 11 历史场景演示模型

历史场景演示模型常用于博物馆或纪念馆中，用于再现某一历史场景，给参观者留下更深刻、更具体的印象。

图1- 12 灯光照明建筑模型

灯光照明建筑模型是对建筑内灯光设计的一种展示，用于多层次地表现空间设计的美感，让建筑模型更加立体。

　　建筑模型将设计图纸上的二维图像通过创意、材料组合使之形成三维的立体形态，再通过对材料手工与机械工艺的深加工，使之具有转折、凹凸变化的物理形态，从而使设计对象产生惟妙惟肖的艺术效果，使其更具有艺术性和生动性。

　　未来，将会有更多的制作材料加入进来，建筑模型将会朝着多元化方向发展，除了精确的切割设备与灵敏的遥感技术，还会加入各种新型材料与全新的创意思想。

第三节
建筑模型的主要类别

建筑模型在人类历史上发展了 3000 多年，经历过无数次演变，现有的模型种类繁多，可以从不同角度来进行分析，不同类型的模型有不同的使用目的，分清模型类型也能帮助我们提高认识，提高制作效率。

从使用目的上来划分，建筑模型可以分为：设计研究模型、展示陈列模型、工程构造模型等。

从制作材料上来划分，建筑模型可以分为：纸质模型、木质模型、竹质模型、石膏模型、陶土模型、塑料模型、金属模型、复合材料模型等（表 1-1）。

从表现内容上来划分，建筑模型可以分为：家具模型、住宅模型、商店模型、展示厅模型、建筑模型、园林景观模型、城市规划模型、地形地貌模型等。

从表现部位上来划分，建筑模型可以分为：内视模型、外立面模型、结构模型、背景模型、局部模型等。

从制作技术上来划分，建筑模型可以分为：手工制作模型、机械加工模型、计算机数码模型、光电遥控模型等。

目前，建筑模型制作都有自己的明确目的，模型的制作规格、预算投入、收效回报等方面都影响着制作目的，这种商业化运作模式决定了现代建筑模型主要还是从使用目的上来划分。

表 1-1　　　　　　　　　　　　　　　　模型对比一览

模型类别	模型材质	材料特性	材料缺点	备注
塑料模型	聚氯乙烯（PVC）、ABS 工程塑料、有机玻璃板材、泡沫塑料板材等	聚氯乙烯：耐热性低，可用压塑成型、吹塑成型、压铸成型等多种成型方式。ABS 工程塑料：熔点低，易软化，可热压连接多种复杂的形体。有机玻璃：具有适光性好、质量轻、强度高、色彩鲜艳、加工方便等特点，成型后易于保存	需要模具成型，加工成本高	塑料是一种常用于制作模型的新材料。品种很多，主要品种有 50 多种
黏土模型	黏土（黄泥，主要成分是氧化铝和氧化铁）	具有一定的黏合性，可塑性强，可以重复使用	如果黏土中水分失去较多则容易使模型出现收缩或龟裂等现象	使用黏土制作模型时注意选择含砂量少的，使用前要反复加工，把泥和熟，一般作为雕塑、翻模用泥使用
油泥模型	油泥（材料主要成分有滑石粉占 62%、占凡士林 30%、占工业用蜡 8%）	可塑性强，黏性、韧性比黄泥（黏土模型）强，成型过程中可随意雕塑、修整。成型后不易干裂，可反复使用	价格较高	适用于制作一些小巧、异型和曲面造型较多的模型
石膏模型	石膏（单斜晶系矿物，是主要化学成分为硫酸钙的水合物）	质地细腻，成型后易于表面装饰加工的修补，易于长期保存	自重较大，干燥速度快，不宜塑形	适用于塑造各种模型的模型，便于陈列展示

模型类别	模型材质	材料特性	材料缺点	备注
木质模型	经过二次加工后的原木材和人造板材	幅面大、变形小、表面平整光洁、无各向异性等特点	制作范围较小，不易造型	家具的模型制作常用木头制作。人造板材常有胶合板、刨花板、细木工板、中密度纤维板
竹制模型	竹胶板（以毛竹材料作为主要架构和填充材料，经高压成坯的建材）	制作出的模型表面光滑平整，耐潮湿，耐腐蚀，保存时间长	硬度高，不易造型	适用于制作大型建筑、剪力墙、大桥、高架桥、大坝、隧道地铁和梁桩等模型
金属模型	以应用钢铁材料居多	具有光泽（即对可见光强烈反射）、富有延展性	加工难度大，需要用到大量机械设备	适用于制作制作较大型建筑模型
纸质模型	卡纸、皮纹纸、瓦楞纸、厚纸板、箱纸板等	卡纸：耐水性好，纸面细致光滑，坚挺耐磨。皮纹纸：色彩丰富，纹理逼真。瓦楞纸：V形瓦楞纸平面抗压能力强，节省黏合剂用量；U形瓦楞纸着胶面积大，牢固，富有一定弹性。厚纸板：可独立支撑建筑模型的重量。箱纸板：质地较厚，具有一定弹性，成本低廉	卡纸：易出现斑点翘曲，变形等。皮纹纸：其中花纹纸价格较贵。瓦楞纸：经过裁切后边缘难以平整，不适合制作精致的细节部位。厚纸板：容易受潮，在模型组装时仍需增加骨架基层。箱纸板：裁切、修整后精度不高，容易受潮	卡纸：在模型制作中用于基层平面找平或粘贴外部装饰层。皮纹纸：用于建筑模型表面装饰。瓦楞纸：瓦楞纸的外形不同，使得瓦楞纸板的性能也有一定区别。厚纸板：种类较多，其中装饰用纸板主要用于建筑模型。箱纸板：一般用于概念模型底盘或者模型的墙体夹层。一般分牛皮箱纸板、挂面箱纸板、蜂窝纸板

补充要点

黏土的特性

黏土一般有可塑性、结合性、触变性等特性。黏土与适量的水混合后形成泥团，在外力的作用下，泥团发生变形但不开裂，外力散去后，仍能保持原有形状不变，黏土的这种性质称为可塑性。黏土的结合性是指黏土结合非塑性原料而形成良好的可塑泥团并且有一定的干燥强度；黏土泥浆或可塑泥团受到振动或搅拌时，黏度会降低，而其流动性则会增加，静止后逐渐恢复原状。此外，泥浆放置一段时间后，在保持原水分不变的条件下也会出现变稠和固化的现象。黏土的这种性质称为触变性。

一、设计研究模型

设计研究模型主要用于专业课程教学，它是设计构思的一种表现手段，模型就像手绘草图，尽可能发挥设计师的主观能动性去强化、完善（图1-13）。这类建筑模型不要求特别精致，只要能在设计师之间、制作人员之间、师生之间产生共鸣即可，在选用材料上不拘一格，泡沫板、纸板、立方体甚至砖块都可以作为媒介使用。制作出来的成品模型，具有实用意义的可以长期保存，对于需要变更创意的可以随时拆除。然而，设计研究模型在设计中一定要通过模型来激发设计者的创意，使之达到极限，最终才能获得完美的设计作品。设计研究模型又分为概念模型与修整模型两种。

图1- 13 设计研究模型

设计研究模型一般用于专业课程的教学，它是对设计构思的一种表现形式，模型就像是立体的手绘草图，能够将设计师的设计思想表达得更加全面、清晰。

1. 概念模型

概念模型比较抽象，它也许不能成为模型产品，但是可以成为制作设计师扩展思维的路标，甚至成为其他设计师的路标。概念模型的特点是选材比较自由，概括性强，制作快速，注重整体关系，配景象征化、抽象化。在想象某个物件或用语言表达它时，我们都能想象出那种原型，或一个简化的最初印象。概念模型正是为了表达这种共鸣，让所有参与设计的人来做评析，从而提高设计水平（图1-14）。

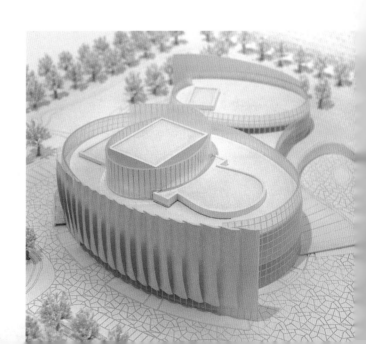

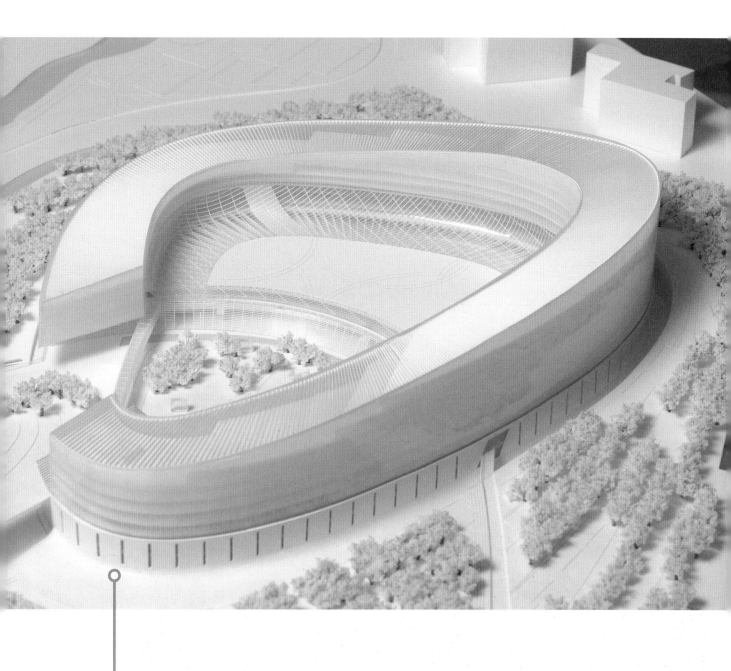

图 1- 14　概念模型

概念模型制作比较快速，适合对于整体空
间的关系把握，对于研究空间结构、流程
路线等有巨大作用。

2. 修整模型

当概念模型达到一定效果后，就需要融合更多
人的意见，根据合理意见进行修改、调整。针对概
念模型的调整一般是指增加、减少、变换形体结构，
通过这些改变能进一步激发设计师的创意，使原有
的概念得到升华。概念模型不需要将精力放在增加细
节上，细节表现不是设计研究模型的最终呈现目的。

二、展示陈列模型

展示陈列模型又称为终极模型，是按照一定比例微缩真实的建筑，无论是结构上，还是色彩上，与真实的建筑完全一致，主要用于商业设计项目展示，是目前房地产、建筑设计、环境艺术设计等行业最常用的展示形式之一（图 1-15）。

展示陈列模型不仅要表现建筑的实体形态，还要统筹周边的环境氛围，所有细节都要考虑周全，运用一切能表达设计效果的材料来制作，以达到唯美的装饰效果。

展示陈列模型在制作之前要经过系统的设计，包括平面图、顶面图、立面图、装配大样图，图纸要求标注尺寸（模型尺寸与建筑尺寸两种）、制作材料的名称。这类模型一般由多人协作完成，因此图纸必须完整，能得到全部制作人员的认同。模型的制作深度要大，根据具体比例来确定。一般而言，1：100 的模型要表现到门窗框架；1：50 的模型要表现地面铺装材料的凹凸形态；1：30 的模型要表现到配饰人物的五官与树木的叶片。

图1-15 展示陈列模型（a~d）

展示陈列模型制作精美、比例真实、细节丰富，能够让观看者对于整个建筑或区域有清晰明确的认识。同时，精致的建筑模型能够给观看者带来愉悦的观赏感，刺激选择欲望。

　　展示陈列模型制作周期长、投资大，非普通个人能独立完成，一般都交给专业的建筑模型企业来完成。目前，在我国大中型城市均有规模较大的建筑模型制作企业，他们设备齐全、技术雄厚，专业承接展示陈列模型，采用机械加工，制作水平在不断提高，在提升建筑模型档次的同时，也创造了高额的经济效益。

三、工程构造模型

　　工程构造模型又称为结构模型或实验模型，它是针对建筑设计与施工中所出现的细致构造而量身打造的模型。通过表现工程构造，设计师可以向施工员、监理和甲方来陈述设计思想，从而指导建筑施工顺利进行。

工程构造模型的表现重点在于真实的建筑结构，能够剖析建筑内部构造。工程构造模型按形式可以分为动态与静态两种。动态模型要表现出设计对象的运动，它的工程构造具有合理性与规律性，如船闸模型、地铁模型等（图1-16）。静态模型只是表现出各部件间的空间相互关系，使图纸上难以表达的内容趋于直观，如厂矿模型、化工管道模型、码头与道桥模型等（图1-17）。此外。还有部分特殊模型也能明确工程施工，如光能表现模型、压力测试模型、等样模型等。

现代工程构造模型也追求一定的视觉审美效果，会加入更多声、光、电设备，所耗成本不亚于常规建筑模型。

图1- 16　动态模型

船闸模型属于动态模型，它表现了船闸运作模式的一个基本流程，让人能够清楚地观察到各部分之间的关系，具有规律性。

图1- 17　静态模型

化工管道模型属于静态模型，给人一种直观、完整的印象，让人对整体的连接也很明确。

补充要点

特殊模型

（1）光能表现模型。

光能表现模型是建筑模型表现的特殊形式，用它来预测建筑夜间的照明效果，在制作中采用自然照明与人工照明的效果，为了更准确地帮助预测环境气氛，光能表现模型要有精致的细部表现、色彩及表面效果的计划。这类模型常用于建筑外部灯光强度调试，也追求华丽的光影效果，主要分为自发光与投射光两种类型，在博物馆、房地产售楼部中应用最多。

（2）压力测试模型。

压力测试模型用来测试模型的抗压力与耐候力，针对不同模型来选用材料组件，材料的拼接工艺与搭配方式要记录下来，为后期批量制作提供参照。这类模型常用于批量制作的建筑规划模型，先制作一件具有代表性的模型构件，待测试合格后再批量制作。

（3）等样模型。

等样模型的尺寸与建筑实体一样大，它是将设计方案直接制成实际尺寸，其中包括1：1的建筑构件、家具构件等，表现空间尺寸与建筑局部。当然，只有设计复杂构造时才会制作局部等样模型，此模型一般作为试验样本来研究。

第四节
建筑模型的学习方法

建筑模型设计与制作是建筑设计专业与环境艺术设计专业的必修课，通过模型制作能让我们深入了解建筑形体构造，强化创意设计思维，提高动手操作能力，为今后走上工作岗位打下坚实基础。

建筑模型设计与制作是一门边缘学科，是集建筑学、景观学、设计艺术学、材料学、力学于一体的综合学科。在学习中，要不断地拓展创造力，将构想通过材料与制作转换成现实。以下列举了 5 个方面来强调建筑模型的学习方法。

一、培养概括能力

模型是对实物对象的微缩，原则上，应该完全表现实体建筑的尺寸、材料、细部结构等要素，然而限于制作者在时间、精力、水平能力、制作条件、资金投入等方面的限制，无法 1∶1 对照表现建筑原貌，因此，就必须有所取舍，即对原有建筑形体进行概括。

例如，现实建筑外部地面都镶贴有砖石，按 1∶100 比例制成建筑模型，砖石的装饰效果要缩至 1～3 mm，而我们却无法获取大量边长为 1～3 mm 的小块贴片贴在地面上，于是就只能通过概括手法来处理，采用印刷有砖石纹理的纸板粘贴在地面，从而起到装饰效果（图 1-18）。按同样的概括思维，可以将废弃的暖水瓶内胆玻璃片粘贴在模型底板上，用来模拟波光粼粼的水面（图 1-19）。这类处理手法可以广泛用于各种建筑模型的地面、顶棚、门窗等形体上，高度的概括能让建筑模型制作达到事半功倍的效果。

图 1- 18　单体建筑模型
建筑模型中常见的仿砖贴纸。

图 1- 19　概念模型
暖水瓶内胆玻璃破片。

二、精确计算比例

模型的真实性来源于正确的比例，这是建筑模型反映实体建筑的重要依据之一，同时也是模型区别于工艺品、玩具的主要特征。要对建筑模型进行精确计算，前提是绘制详细的设计图，将模型尺寸与建筑尺寸同步标注在图纸上，在制作时就可一目了然，通过不断比较两组数字，加深制作人员对模型尺度的印象，即使少数细部尺寸没有标注，也能通过比较得出相应的数据。

在实际操作中，还会遇到更广泛的比例问题，例如，原计划中的模型比例为1∶40，在制作过程中，却发现家具、树木、车辆等配件都没有1∶40的成品件，这就需要采用各种材料来进行制作，并且时刻要以1∶40的比例为基础进行配件制作，不能随意进行缩放（图1-20）。这样制作出来的建筑模型产品才具有指导意义与商业价值。

图1- 20　精致模型
成品树木直接安装。

图1-21 区域概念模型
1.5 mm厚PVC透明压花水波纹板。

三、熟悉材料特性

建筑模型与建筑实体一样，都以材料为物质基础，是经过施工、操作构建起来的。建筑模型的制作重点在于合理运用材料，需要制作人员广泛了解模型的材料特性，并且能将同一种材料熟练地运用于不同的部位。例如可用PVC透明压花水波纹板来模拟波光粼粼的水面效果（图1-21）。

材料的特性不同，加工手法也不同，一定要以材料的性能为主，做不同处理。例如，1.2 mm厚彩印纸板常用于模型外墙，使用裁纸刀开设门窗时，纸板会因为裁切而产生内应力，向刀口划痕面弯曲，这样纸板的外表就不平直了。在裁切过程中，应该从纸板的正反两面同时裁切，保持纸板的内应力均衡施展。这些都需要在模型制作中不断学习和总结，掌握了各种材料的特性，才能将模型完美地制作出来。

四、创新制作手法

传统的建筑模型全都由手工完成，根据不同材料运用裁纸刀、剪刀、三角板、圆规等工具制作。随着工作效率的提高，现在需要更快捷、更简单的方法来制作建筑模型。例如，要根据建筑结构制作透明屋顶，一般会用到透明胶片，传统的制作工艺是根据结构形体将透明胶片裁切成小块，再逐一将其粘贴至屋顶上，这样操作起来相当复杂。经过缜密思考后，可以将透明胶片覆盖在模型构造上，用电吹风机对透明胶片进行加热，受热软化的胶片会很自然地呈现出屋顶的起伏结构，最后根据成型尺寸裁切边缘即可得出较完美的透明屋顶了。

建筑模型的制作手法要因环境和个人能力而异，环视周边一切可能利用的物品，将它们的作用发挥至极限，这需要敏锐的思考和不断创新，才能得到完美的效果。

五、严谨制作工艺

　　建筑模型是通过烦琐的制作工艺完成的艺术品，在模型材料的基础上完成细致定位、裁切、粘接、组装等一系列工序。在创作过程中，操作人员要静心思考，对任何一道工序都要做反复比较，从比较中得出最妥善的解决方法（图1-22）。

　　例如，在模型制作过程中，经常要对各种板材做钻孔处理，尤其是坚硬的塑料、纸质材料，稍不留神就会扩展圆孔直径或造成材料劈裂，影响最终的观赏效果。这时，可以用打火机对小型螺丝刀刀头加热，加热后的刀头能轻松钻入各种塑料板、硬纸板中，开孔直径根据选用的螺丝刀型号来确定，制作时应当细致、严谨，避免钻孔的位置发生偏移。对于较大的孔，还可以利用钢笔帽、不锈钢管、金属瓶盖、子弹壳等成品器物来配合制作（图1-23）。

　　总之，严谨的操作并不影响制作时间，反而会因工作效率提高而节省时间，娴熟的制作技艺也是从严谨操作中磨练出来的。

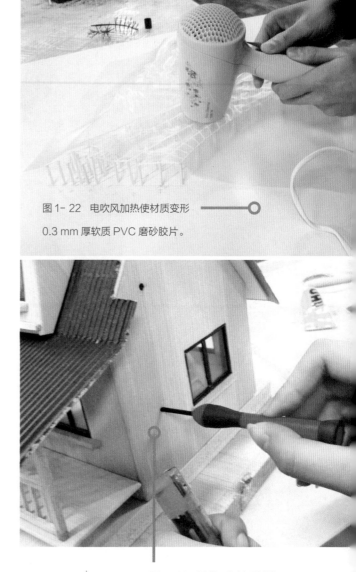

图1- 22　电吹风加热使材质变形

0.3 mm 厚软质 PVC 磨砂胶片。

图1- 23　螺丝刀加热后钻孔

5 mm 厚发泡 PVC 板外贴装饰纸。

补充要点

建筑模型的制作原则

（1）灵活把握原则。

　　建筑构架部分是根据建筑图纸搭建的，将各立面的墙体做好然后拼接而成。色彩及质感呈现是关键的环节，有时模型立面看起来与最初构想有区别，但是安装阳台、门窗后就会好很多。采用绿色植物与之搭配更是相得益彰，这些就是模型制作艺术中的提亮与弱化手法。效果图的色彩是连续的光影关系，被选中的部分仅在效果图中是合理的，而模型与效果图中的着色肌理完全不同，光的反射原理也不同。

（2）写意原则。

　　树的表现主要是写意，花草的颜色侧重表现美感。实际园林中可能盛开的花朵，色彩对比强烈，但在模型中表现出来就会显得很杂乱，反而不美观。因此，实景与模型的像与非像问题，本身就是一种矛盾，像到极致则不像，似像非像则正像，其核心是应抓住"神"，确切地表现出环境绿化的风格和特点是目的。

（3）主次分层原则。

　　灯光的配备要根据景物的特点来进行。住宅区建筑、水景灯光尽量用暖色，常绿树的背景则用冷光源，路灯与庭园灯应整齐划一。色彩尽量丰富以烘托整体环境气氛。切忌到处都通亮，导致周边场景喧宾夺主。

（4）收口衬托原则。

　　收口即边缘修整，如边框、底台、玻璃罩等的包装部分。案名、比例尺、标牌等的收口一定要得体，而边框、底台、玻璃罩等并无定式，根据模型的规模、楼层高度、色彩风格等因素来制定。

第五节
建筑模型的商业化运作

　　学习建筑模型首先要了解模型，经过考察、观摩后才有独立设计的依据。随着我国经济水平不断提高，房地产行业突飞猛进，在城市里，我们随处能见到商品房营销中心里的建筑模型，宏伟的气势、精致的细节无不打动购房者的消费心理。此外，在博物馆、大中型企事业单位展厅、公共娱乐场所、模型设计公司等场所，我们也能见到新颖别致的建筑模型，从中能领略到该行业的独特魅力（图1-24、图1-25）。

图1-24　房地产售楼中心建筑模型
售楼中心为了增加对客户的吸引力，都会将售楼中心的建筑模型做得更加精致，还会配合灯光渲染。

图1- 25　博物馆古建筑模型
历史博物馆为了让观众对历史古城有更为宏观的布局理解，都会制作这种古建筑的微缩模型。

一、考察内容

通过考察从中学习建筑模型的制作方法。从学习、观摩的角度上来看，考察建筑模型可以分为3个层面。

1. 规划布局

建筑模型设计规范，布局合理，建筑与建筑之间保留适当间距。绿化植物环绕周边，呈次序排列。道路清晰明确，以最短的行程满足最大的出行需求，主、次道路与单、双行线逻辑关系正确。建筑配套设施完善，分布均匀，能满足主体建筑的使用要求。

2. 细部构造

建筑模型的转角严实，接缝紧密，门窗构造要根据比例制作到位。室内模型要求能表现出踢脚线、家具、家电、陈设品等细节。建筑外观模型要求能表现出门窗边框、屋顶瓦片、道路边坎、绿化植被等细节。建筑规划模型要求外墙平直，表面光滑，主要配景形态统一。

3. 科技含量

概念研究模型要求能随意拼装、拆分，以及安装简单的照明设施来装点效果。商业展示模型除了安装灯光以外，最好能配置背景音乐与机械传动装置，并采用无线遥感技术控制。未来建筑模型还能利用环保材料与再生材料，在保证质量的同时，降低制作成本。

小知识

建筑模型设计与建筑模型制造的区别？

建筑模型设计是建筑工程，建筑模型制造是机械工程。建筑模型是根据建筑设计师设计完成后的图纸做出的。建筑模型制造是将建筑模型设计付诸实践的桥梁。它体现了人们对于空间与建筑、平面与立体之间的直观感受，是绘制设计草图的基本前提。

二、建筑模型企业运营

建筑模型企业是指专业从事建筑模型设计、制作、组装、维修一条龙服务的盈利性单位，随着我国建筑设计、环境艺术设计行业的发展，国家与社会对建筑模型的需求量增大，不仅需要优质、精美的建筑模型产品，还对建筑模型的制作速度有更高要求。建筑模型企业是顺应时代发展的产物，具有广阔的市场前景。目前，在我国大中型城市中，都存在规模较大的建筑模型制作企业，营业生产面积达 2000 m² 以上，各种技术人员达 50 人以上，并与当地的建筑设计研究院、高等设计院校保持长期合作关系，主要承接房地产企业的楼盘建筑模型与建筑设计院的方案模型，同时也制作博物馆复原模型、区域规划模型、工业模型、高校教学研究模型等（图1-26）。

图1- 26 模型制作车间

建筑模型企业是新时代发展的产物，房地产市场的迅速发展为建筑模型带来前所未有的发展机遇。模型制作主要以手工制作为主，只有在板材切割时才会用到机器。

考察建筑模型企业能促进初学者对建筑模型的认识，熟悉当今建筑模型的发展状况，了解最真实、最高端的模型产品，从而提升学习兴趣，明确模型的设计制作目标。虽然自己动手制作不比机器制作便捷，并受各种条件限制，但是建筑模型企业对于建筑模型后期的拼装、粘接，以及装饰都是手工操作内容，比较两者的差异，就能激发我们的制作欲望与制作思路。

建筑模型企业的经营范围广泛，制作工艺多样，人员配置齐全。大中型建筑模型企业一般包括设计部、基础部、雕刻部、组装部、电工部、维修部、业务部等分支部门。

设计部主要将模型需求单位（甲方）提供的建筑设计图纸转化为模型雕刻图，转化方法为重新描绘，或在现有 CAD 图纸上修改，同时还会对建筑模型的组装、外饰、电路进行重新设计，以满足其他部门的制作需要。当模型图纸绘制完毕后就交给基础部与雕刻部。基础部主要制作模型底盘、支架、展台等构造，基础构造多采用木龙骨、木芯板、型钢制作，外表采用铝塑板、不锈钢板铺贴，或喷涂油漆。部分内视模型还需采用有机玻璃板或钢化玻璃制作外罩面。

此外，基础部还从事道路、树木等配饰的批量加工，为后期组装打好基础（图 1-27）。

雕刻部采用各种雕刻机制作模型的墙板、楼板等主要构件，尤其是针对门窗较多的高层建筑，雕刻机能在短时间内完成，大幅度提高制作效率。雕刻完毕的模型构件交给组装部，这里主要由技术员徒手操作，使用各种粘胶剂、焊枪将雕刻板件组装起来，此阶段的制作时间最漫长，要求技术员具有很好的耐心。

建筑模型底盘

建筑模型的底盘通常是由 PS 板、KT 板和木质底盘制作而成，还有天然石材、玻璃、石膏等。PS 板与 KT 板具有质地轻、韧性好、不变形等优点，是普通纸材模型的最佳材料。然而，成品 PS 板和 KT 板的切面难以打磨平整，需要用厚纸板、瓦楞纸或者其他装饰型材封边处理，保持外观光洁。底盘是建筑模型的重要组成部分，它对主体模型起主要支撑作用。平整、稳固、宽大是模型底盘制作的基本原则，在具体制作中还要考虑建筑模型的整体风格、制作成本等因素。

图 1-27　道路装饰
具有感染力和观赏价值的建筑模型不仅仅是建筑模型本身，周围的环境布置和配件在营造建筑模型整体氛围上也起到重要的作用。这些配件全部由基础部提前批量制成，并且品种齐全，例如不同型号的汽车、不同品种的植物、形态各异的人物等。

第二章

建筑模型
构思与设计

学习难度：★★★★☆

重点概念：空间、要素、步骤、绘制图纸

○ 章节导读

建筑模型的制作主要包括建筑设计与模型设计两个方面。建筑设计是对建筑本身的形体、结构、风格、环境等要素的设计构思，是相当于对真实建筑进行设计与构思，同样需要设计者进行多方面的考虑。模型设计则是在建筑设计的基础上，对数据比例进行缩放，对制作材料进行准确的选择与定制。建筑设计是模型设计的重要依据，而模型设计是建筑设计的微观表现（图2-1）。

图 2-1　建筑模型概念图

第一节
把握建筑空间

一、内部空间

建筑空间有内、外之分，但是在特定条件下，室内、室外空间的界线似乎不太明确。内部空间是建筑设计者为了某种目的或功能，而用一定的物质材料与技术手段从自然空间中围隔出来的。它与人的关系最密切，对人的影响也最大。它应当在满足功能要求的前提下具有美的形式感，以满足人们的精神感受与审美需求。

对于公共活动空间而言，过小或过低的空间将会使人感到局促或压抑，这样的尺度感也会有损于它的公共使用功能。因此，公共活动空间一般应具有较大的面积与高度，只要实事求是地按照功能要求来确定空间的大小和尺寸，一般都可以获得与功能性质相符合的尺度。

最常见的室内空间一般呈矩形平面的长方体，空间长、宽、高的比例不同，形状也可以有多样的变化。不同形状的空间不仅会使人产生不同的感受，

甚至还会影响到人的情绪。完全封闭的房间会使人产生封闭、阻塞、沉闷的感觉；相反，若四面临空或开放性的顶棚，则会使人感到开敞、明快、通透。

在建筑空间中，围与透是相辅相成的。因而对于大多数建筑而言，总是将围与透这两种互相对立的因素统一起来考虑，使之既有围，又有透，该围的围，该透的透。在建筑模型设计中，要预先保留门窗等开放构造，处理好"透"的面积，并考虑在后期制作时还要为这些空间做哪些细部处理（图2-2、图2-3）。

图2- 2　简约家居模型

这种简约的家居模型是练习最常见的内部空间模型制作，有助于帮助初学者建立简单的空间内部关系的概念。

图2- 3　精细中式家居模型

精细的户型结构及装饰常见于售楼中心，向顾客展示内部的整体布局，为消费者提供参考。

空间是由顶面、地面、墙面组成，处理好这3种要素，不仅可以赋予空间特性，而且还有助于加强它的完整性。顶面与地面是形成空间的两个水平面，顶面是顶界面，地面是底界面。建筑模型地面的处理比较复杂，需要制作台阶，赋予地面不同材料。顶面的处理相对简单，然而顶面与结构的关系比较密切，在处理顶面时不能不考虑对结构形式的影响。因此，用于表现内部空间的建筑模型一般不做顶面，甚至墙面都可以使用透明有机玻璃板来代替，只需在地面上布置家具、陈设等物件（图2-4）。

图2-4（a、b）　内部空间

有机玻璃在模型围合上的运用越来越广泛，清晰明亮又具有高级感，深受模型制作者的喜爱。

二、外部空间

　　建筑模型的外部形体是内部空间的反映，而内部空间，包括它的形式与组合情况，又必须符合于建筑功能。正是千差万别的功能才赋予建筑形体以千变万化的形式。一幢建筑物，不论它的形体多复杂，都是由一些基本的几何形体组合而成的。只有在功能与结构合理的基础上，使这些要素能够巧妙地结合成为一个有机的整体，才能具有统一的效果（图2-5）。

图2- 5　小型别墅模型设计

小型别墅模型就是一个简单的有机整体，除了建筑物本身以外，还要对一定范围内的景观、道路规划有合理的布局。

建筑模型的外部空间分为建筑实体空间和外部围合空间两个部分。

1. 建筑实体空间

传统的建筑外部空间设计十分重视主、从关系的处理，一个完整且统一的建筑，应当保持主次分明，不能平均对待，各自为政。形体比较端庄的建筑模型要中央部分凸出，两翼部分平凹。只要能够利用建筑物的功能特点，用这种方法来突显中央部分，可以使它成为整个建筑模型的主体，使两翼部分处于它的控制之下，并从属于凸出的主体。这类突显主体的方法很多，在对称形式的建筑模型中，一般都是使中央部分具有较大或较高的体量，少数建筑模型可以借助特殊形状来达到削弱两翼，或加强中央构造的目的。

2. 外部围合空间

建筑的外部围合空间主要是指建筑实体外墙与建筑围合区域。

建筑实体外墙处理不能孤立进行，它必然要受到内部房间划分、层高变化以及梁、柱、板等结构体系的制约。设计模型时一般将窗洞整齐均匀地排列。例如，将窗与墙面上的其他要素（墙垛、竖向分割线、槛墙、窗台线等）有机地结合在一起，并交织成各种形式的图案，同样也可以获得良好的效果。有些建筑虽然开间一律，但为适应不同的功能要求，层高却不尽相同，利用这一特点，可以采用大、小窗相结合，并使一个大窗与若干小窗相对应的处理方法。

建筑模型设计中的围合区域，是指根据建筑的使用功能设计道路、平地、绿化、景观、围墙等功能形体，这些形体之间的面积分配尽量均衡，不宜更多地突出某一方面。因为建筑模型最终还是要追求视觉效果的。制作这类形体构造只需要根据各立面设定好的尺寸，就可以按部就班地裁切、组装。但是最复杂的也是外墙，过于简单的墙体装饰无法打动观众的审美情趣，需要将简单的围合墙体根据设计要求复杂化，例如局部凸凹、变换材质、增加细节、精致转角等多种处理手法，这些都需要在空间设计中明确表达。

补充要点

调整建筑模型中的"习惯空间"

不同大小的空间，往往使人产生不同的感受，必须将功能使用要求与精神感受要求统一起来考虑，使之既适用，又能按照一定的艺术意图给人某种感受。在一般情况下，室内空间的体量大小主要根据每个空间功能来确定的，但是某些特殊类型的建筑，如纪念堂、剧院、大型公共建筑等，为了形成宏伟、博大或神秘的氛围，室内空间的体量往往可以超出功能使用要求。在模型设计时，首先要明确该空间的用途，并根据功能来设定空间大小。

初学模型设计，容易让人产生"习惯空间"，即随意制作出适合自己心理、能力、感觉等个人习惯的空间体量来，这种"习惯空间"往往出现在同一个模型制作者身上。例如，原本计划设计一座2层住宅与一座30层商务楼，但是完成后发现，两座建筑模型体量感觉却差不多，如果仔细观察，不难发现两座建筑外观的门窗形态也区别不大。因此，在进入模型设计之前，就应该对个人的"习惯空间"进行重新调整，一切从实际出发，久之则能培养出正确的空间感。

三、空间组合

任何建筑，只有当它与环境融合在一起，并与周围的建筑共同组合成为一个统一的有机整体时，才能充分显示出它的价值与表现力。如果脱离了环境而孤立存在，即使建筑本身尽善尽美，也不可避免地会因为失去环境的烘托而大为减色。要想使建筑与环境有机地融合在一起，必须从各个方面来考虑建筑与环境之间的相互影响与联系。

外部空间具有两种典型的形式，一种是以空间包围建筑物，这种形式的外部空间称之为开敞式的外部空间；另一种是以建筑实体围合而形成的空间，这种空间具有较明确的形状与范围，称之为封闭形式的外部空间。但在实践中，外部空间与建筑形体的关系却并不限于以上两种形式，而是复杂得多，还有各种介于其中的半开敞或半封闭的空间形式（图2-6、图2-7）。

图2-6 开敞式外部空间
开敞式外部空间即空间包围建筑。

图2-7 封闭式外部空间
封闭式外部空间即建筑包围空间。

空间的封闭程度取决于它的围合情况，一般四周围合的空间封闭性最强，三面的次之，当只剩孤立的建筑时，空间的封闭性就完全消失了，此时建筑围合空间转化为空间包容建筑。其次，同是四面围合的空间，由于围合的条件不同而分别具有不同程度的封闭感；围合的界面越近、越高、越密实，其封闭感就越强；围合的界面越远、越低、越稀疏，其封闭感则越弱。将若干个外部空间组合成为一个空间群，如果处理得宜，利用它们之间的分割与联系，既可以借对比来求得变化，又可以借渗透而增

强空间的层次感。此外，将众多的外部空间按一定程度连接在一起，还可以形成统一完整的空间序列，形成次序美。

建筑模型中不同空间的组合能弥补单一形体的枯燥，由于大多数建筑模型普遍比实际结构小很多，将不同形体相互穿插，营造出多重转角、走道、露台等，可以进一步丰富模型作品。主体建筑与周边环境也要协调一致，道路、绿化、附属建筑甚至可以穿插到主体空间中，并与之有机结合。

第二节
建筑模型设计要素

一、形体结构

建筑空间的形体多种多样，形体结构的设计应该以建筑功能空间为依据，当空间设计完善后，再来美化形体结构，使建筑模型外观趋向于完美。设计建筑形体结构的方法主要有以下3种。

1. 仿生结构

仿生结构即是仿照自然界的生物形态创造的建筑结构，从自然界中捕捉能激发设计者创作激情的东西，如花朵、树枝、动物，甚至各种工业产品。同样一件参照物，在不同设计师的眼里都是不同的，将其形体特征抽象出来，附着在建筑空间内外，这样重新构成后的建筑具有独特造型，很难与现有建筑产生重复（图2-8、图2-9）。仿生结构的关键在于提炼，将自然对象中能利用的元素提取出来，对于不能运用的则不作考虑，任何形态都不能影响建筑的使用功能。一般而言，初次创意的形态比较完美，但是要与建筑紧密结合起来，落实到细节上就很困难，在适当的时候可以舍弃部分形体特征，满足建筑正常的使用功能。

2. 几何结构

几何形体比较简单，常见的有圆形、矩形、三角形、梯形等，可以将这些几何形体直接用到建筑形体上（图2-10、图2-11），例如，建筑平面布置、单元空间、门窗造型等。几何形体在运用时要注意保持完整。此外，几何结构形体要注意相互的穿插关系，避免平行放置产生的僵硬感。

图2-8　仿鸟巢模型（王琪、李静　制作）
用小树枝搭建，以鸟巢作为原型进行模型制作。

图2-9　仿树桩模型（梅珊珊等　制作）
以树桩作为基底，打造出向上生长的视觉效果。

图 2- 10　几何形体结构模型（王婧雯　制作）

几何形体建筑模型给人规则的美感，很有规律感。

图 2- 11　不规则形体与曲线形结构模型（雷霆　制作）

不规则形体与曲线的结合让模型有一种律动的美感。

3. 补美结构

补美就是创意思维过程中，按照美的规律，对尚不完美的对象进行加工、修改、完善，以至重建、重构的创意方法。根据补美的范围、深度不同，补美可以分为添补、全补、特补三类。添补是为已经完成的建筑模型增添新的构造，使其达到美的视觉效果（图 2-12）。全补是对原对象进行彻底改革，全面更新，是一种重构、重建式的整体补美，主要针对配饰简单的概念模型。特补即采用特别巧妙的补美方法，在建筑模型中或底盘其他部位增添特殊构造，使建筑模型整体效果以巧制胜，妙趣横生（图2-13）。

建筑模型形体结构一般比较单一，丰富细节和增加形体构造十分必要，但是要注意增加的装饰形体应与原有建筑形体保持和谐统一，不能增添与原有模型风格相反的构造。

图 2- 12　添补矩形装饰构造

原本的建筑模型平淡无奇，增加了矩形装饰之后，时尚感与艺术感立即提升。

图 2- 13　特补绿化造型（孙博文 制作）

特补绿化造型将模型空间的层次丰富起来，也让结构更加清晰。

二、比例

建筑模型设计与建筑图纸设计一致，都要求具备准确的比例，比例是建筑模型设计方案实施的主要依据，这也是建筑模型区别于工艺品和玩具的因素。在建筑模型设计之初，就应该根据设计要求制定模型比例，现代建筑模型根据比例大小，一般可以分为以下 4 种形式。

1. 建筑规划模型

建筑规划模型一般体量较大，要根据展示空间来确定准确比例。城市规划模型比例一般定为 1 : 2000 ～ 1 : 3000，能概括表现道路、河流、桥梁、建筑群等主要标识物；社区、厂矿规划模型比例一般定为 1 : 800 ～ 1 : 1500，能清晰地表现建筑形体和道路细节；学校、企事业单位、居民小区规划模型比例一般定为 1 : 500 ～ 1 : 800，能细致地表现建筑形体与各种配饰品（图 2-14）。

2. 建筑外观模型

建筑外观模型重点在于表现建筑的外部形体结构与色彩材质，是体现建筑设计的最佳方式。建筑外观模型也要根据自身尺寸来定制。高层建筑、大型建筑、连体建筑、群体建筑比例一般定为 1 ∶ 100 ～ 1 ∶ 300，能准确表现建筑的位置关系；低层建筑、单体建筑比例一般定为 1 ∶ 100 ～ 1 ∶ 200，能清晰表现外墙门窗和材质的肌理效果；小型别墅、商铺建筑比例一般定为 1 ∶ 50 ～ 1 ∶ 100，能细致表现各种形体构造与装饰细节（图 2-15）。

图 2- 15　建筑外观模型

图 2- 14　建筑规划模型

3. 建筑内视模型

建筑内视模型主要适用于住宅、办公空间、商业空间等室内装饰空间，尺寸比例一般定为1：20～1：50，不同的空间需要不同的尺寸比例来表现，如单间模型尺寸比例需达到1：10，才能细致地表现墙、地面装饰造型，家具，陈设品等(图2-16)。

4. 建筑等样模型

等样模型的比例为1：1，用于模拟研究建筑空间中的某一局部构造，各种细节均能表现出建成后的面貌。等样模型的制作比较复杂，一般很少实施（图2-17）。

图2-16 建筑内视模型

图2-17 建筑等样模型

三、色彩

建筑模型的色彩能配合建筑形体表现出建筑的特征。一般而言，现代住宅建筑色彩丰富，能激发人们的生活热情；商业建筑色彩沉稳，对比强烈，能体现出现代气息；办公建筑色彩冷淡，能体现理智、冷静、高效的工作氛围。建筑模型要体现原创设计师的创意思维，便需要在色彩上合理搭配。

彩搭配就显得格外重要。模型的色调一般是在调和中求对比，争取有一个统一的色调主题。这时就要求建筑物、绿化、地面、道路有一个统一的主调来协调。例如，以红色为基调，很可能以深红色为绿化，灰色为道路、地面，从而使整个模型统一在一个氛围中，并注意在统一中适当加以对比。如红色主调中以乳白色作为建筑物墙面的颜色，建筑就显得更挺拔、醒目。深红色的基调、茶色玻璃窗、浅色建筑墙面，使整个模型协调中富于对比变化，突出主要角色，并带有形式美的装饰效果（图2-18）。

1. 注重形式美的模型色彩

模型的形式美是模型设计与制作的一个重要方面。有意识地强调某一色调，强调对比效果会使模型更具表现力和审美情趣。因此，注重形式美的色

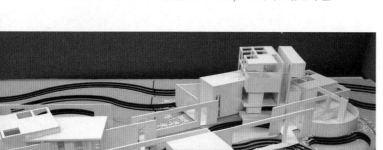

图2-18 茶室建筑模型

这个茶室建筑模型整体采用了白色与原木色两种色调。以原木色的纸板作为背景及基地，通过等高线制作的方法，将建筑环境清晰简明地表达出来；白色作为主体建筑颜色，在原木色的背景中非常醒目，白色水池与砂石的运用，也让这个模型空间中的两种色调有了融合与联系，层次感也丰富起来，十分具有形式美。

形式美

形式美是指构成事物的物质材料的自然属性(色彩、形状、线条、声音等)及其组合规律(如整体统一、节奏韵律等)所呈现出的审美特性。形式美的构成因素一般划分为两大部分:一部分是构成形式美的感性质料,一部分是构成形式美的感性质料之间的组合规律,或称构成规律、形式美法则。构成形式美的感性质料主要是色彩、形状、线条、声音等。

构成形式美的感性质料组合规律,也即形式美的法则主要有齐一与参差、对称与平衡、比例与尺度、黄金分割律、主从与重点、过渡与照应、节奏与韵律、渗透与层次、质感与肌理、调和与对比、多样与统一等。这些规律是人类在创造美的活动中不断地熟悉和掌握各种感性材料因素的特性,并对形式因素之间的联系进行抽象、概括而总结出来的。

2. 注重实际形象的模型色彩

强调建筑的真实形象、色彩和质感,是达到模型直观真实效果的基本要求。因此,在设计制作中,遵从实际颜色,注重实际效果,也是十分重要的。例如综合医院的设计,建筑以乳白色墙面为主调,用深绿色绒纸做绿化草坪,点缀黄绿色的树木,形成接近实际效果的色彩环境,气氛宁静清新又富生机,有力地表现出医院设计中环境心理的构思主题。

色彩本身会给模型带来更直观的影响,能进一步表现模型本身所代表的建筑形式。由于色彩具有

一定的物理性能,因此不同的色彩会给人不同的季节感。例如浅淡色,会让人感觉是在夏天,给人清凉舒爽的感觉;而白色等冷色调则会给人一种冬天的感觉;丰富的色彩能够更好地装饰建筑模型,能够使主体建筑和周边配景更好地融合在一起,更好地表现设计主题;另外,色彩还具有标识作用,能够使建筑模型具有个性化特点,能更好地吸引观赏者的目光。同时,不同的色彩赋予的含义各不相同(表2-1),适用的对象也各不相同(表2-2)。

表2-1 色彩的联想与象征意义一览

色相	联想	象征
红●	血液、太阳、火焰、心脏	热情、危险、喜庆、爆发
橙●	橘子、橙子、晚霞、秋叶	快乐、温情、炽热、明朗、积极
黄○	香蕉、黄金、菊花、提醒信号	明快、光明、注意
绿●	树叶、植物、公园、安全信号	和平、理想、成长、希望、安全
蓝●	海洋、天空、湖泊、远山	沉静、凉爽、忧郁、理性、自由
紫●	葡萄、茄子、紫菜、紫罗兰	高贵、神秘、优雅
白○	白雪、白云、白纸、医院	纯洁、朴素、虔诚、神圣、虚无
黑●	头发、墨水、夜晚、木炭	严肃、独立

表 2-2
建筑模型墙面适宜色彩一览

类别	色彩属性		
	色相	明度	彩度
居住建筑	红、橙、黄、黄绿、绿、蓝绿	60% ~ 90%	10% ~ 30%
办公建筑	黄绿、绿、蓝绿	70% ~ 90%	10% ~ 20%
教育建筑	橙、黄绿、绿、蓝绿	60% ~ 80%	10% ~ 20%
医疗建筑	黄绿、绿、白	70% ~ 80%	10% ~ 15%
娱乐建筑	红、橙、黄	60% ~ 90%	20% ~ 30%
商业建筑	红、橙、黄、黄绿、绿	70% ~ 90%	20% ~ 30%
产业建筑	黄绿、绿、蓝绿、蓝	60% ~ 90%	10% ~ 20%
交通建筑	橙、黄、蓝	70% ~ 90%	10% ~ 30%

（1）白色。常用于表现概念模型或规划模型中的建筑形体，在适当的环境中让人产生联想或引导观众将注意力转移至模型的形体结构上，从而忽略配景的存在（图 2-19）。当周边环境为有色时，白色可以用于主体建筑，起到点睛的装饰效果。在复杂的色彩环境中，白色模型构件穿插在建筑中间，显得格外细腻、精致。

（2）浅色。浅色是现代建筑的常用色，主要包括浅米黄、浅绿、浅蓝、浅紫等，都是近年来的流行色，主要用于表现概念模型的外墙（图 2-20）。在模型材料中，纸张、板材以及各种配件均以浅色居多。

图 2- 19（a- b） 白色的应用　在色彩丰富的配景中，采用白色的建筑模型能够很好地区分建筑与配景之间的差别，让整个区域规划更加清晰明确。白色还能对整个沙盘区域起着提亮的作用，能很好地吸引注意力。

小知识

材料的本色

在模型制作时可以用材料本身原有的色彩。不同的材料提供了不同的可能性：如纸张、铝箔、编织物、木料、金属薄板、塑料和有机玻璃等，如塑料可通过对表面进行打磨或者抛光再进行使用。染色剂、油或蜡可以增强纸板的色彩，尤其是木头的色彩可以得到明显的加强。金属薄板能通过不同的表面特性强调其不同之处。此外，还可以使用氧化剂来进行人工改变，作用时间和浓度影响着色纸的硬度。

图2-20（a-b） 浅色的应用

（3）中灰色。中灰色适用于现代主义风格的商业建筑，以低调、稳重的风格表现商业建筑，常用色包括棕褐色、中灰色、墨绿色、土红色等。中灰色系一般要搭配少量白色体块、红色线条、银色金属边框等配件，否则容易造成沉闷的感觉（图 2-21）。

图 2-21 中灰色的应用

（4）深色。深色一般用来表现建筑基础部位或屋顶瓦片，如首层外墙、屋顶、道路、山石、土壤等，所占面积不大，常用颜色为黑色、深褐色、深蓝色、深紫色等（图2-22）。在某些概念模型中，深色也可以与白色互换，同样也能起到表现形体结构的作用。

图 2- 22　深色的应用

3. 表现建筑模型最佳色彩的方法

建筑模型的色彩是利用不同的材质或仿真技法来传达色彩效果。建筑模型的色彩主要来源于以下两个方面。一种是建筑材料自身的颜色，另一种是利用涂料来进行喷涂，产生色彩效果。但是由于建筑材料自身色彩表现难度大，所以在当今的建筑模型制作中，较多地采用涂料喷涂的方法来进行色彩处理。

（1）利用材料自身的色彩进行色彩表现，这种形式的色彩表现难度很大，由于使用的木质及节曲面不同，特别是所使用的肌理为明显的木质肌理时，它的每一个断面及立面皆具有一定的色彩差异，同时，这些材料又应用于不同尺度的个体制作。所以，模型制作者要注意色彩的整体性。在进行设计时，一定要根据造型及各构件、结构之间的关系，合理地进行选配，从而最大限度地达到色彩的统一。

（2）在利用各种涂料进行建筑模型色彩表现时，模型制作者一定要根据表现对象、材料的种类，以及所要表现的色彩效果，对色相、明度等进行设计。在设计时，首先应特别注意色彩的整体效果。因为，建筑模型在槛尺间反映单体或群体的全貌，

每一种色彩都同时映射入观者眼中，产生综合的视觉感受，哪怕是一块小的色彩，若处理不当，都会影响整体的色彩效果。

（3）建筑模型的色彩应具有较强的装饰性。建筑模型就其本质而言，它是微缩后的建筑景观，要表达的是实体建筑的色彩感觉，而不是简单的色彩平移的关系。因而，建筑模型色彩也应随着建筑模型的微缩比例及材料的特点做相应的调整，这种调整是在色彩明度上做一些细微调整。不能一味地追求实体建筑与材料的色彩，否则可能会因颜色过多而呈现出"脏"的色彩感觉。

（4）建筑模型的色彩应具有多变性。这种多变性是指由于建筑模型的材质不同、加工技法不同、色彩的种类与物理特性不同，同样的色彩所呈现的效果也不同。如纸、木类材料质地疏松，具有较强的吸附性，而塑料材料和金属类材料质地密而吸附性弱，用同样的方法来进行层面的色彩处理，纸类、木类材料着色后，会出现层面的色彩饱和度低，色彩无光，明度降低；塑料材料与金属类材料着色后，层面的色彩饱和度高，色彩感觉明快。这种现象的出现，就是由于材质密度不同而造成的。

四、材质

材质是指材料与质地，建筑模型是通过模型的材料来表达建筑肌理、质感，它是建筑模型进一步升华的表现。在建筑模型设计阶段，要指出模型的用材质地。常见的模型材料质地主要包括以下4种。

1. 粗糙

粗糙的材质主要有草地、砖石墙体、瓦片等，可以采用草皮纸（图 2-23）、带有纹理的 ABS 板材（图 2-24）来表现，它们的浑厚可以配合深色底纹来表现建筑的重量。

图 2-23　草皮纸

草皮纸是在建筑模型中经常用到的材料，取用方便且易于裁切各种形状。

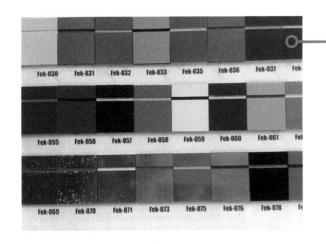

图 2- 24 ABS 板材

ABS 板材具有极好的冲击强度、尺寸稳定性好、染色性好、高机械强度、高刚度、低吸水性、耐腐蚀性好、连接简单、无毒无味，具有优良的化学性能和电气绝缘性能，能耐热不变形，在低温条件下也具有高抗冲击韧性。

ABS 板材

ABS 板材是苯乙烯－丁二烯－丙烯腈共聚物，具有强度高、质量轻、表面硬度大、光洁平滑、易清洁、尺寸稳定、抗蠕变性好等优点；ABS 板材通过现代技术的改进，增强了耐温、耐寒、耐候和阻燃的性能，机加工性优良。在模型设计制作中，ABS 塑料主要有板材和管材及棒材三种类型，板材常用于建筑与环境模型主体结构材料。模型制作常用板材大小规格为 1000 mm×2000 mm，1020 mm×1220 mm，厚度为 1 ～ 200 mm。模型制作常用棒材长度大小规格为 50 mm，直径为 10 ～ 200 mm 不等。

2. 光滑

建筑模型一般都是建筑实体同比例缩小后所呈现的实景模型，外表光滑才能表现它的精致，光滑的模型材料非常丰富，具体分为高光材质与亚光材质，高光材质主要用于建筑模型装饰边框或局部点缀，亚光材质用于建筑模型表面，常见的材料为 PVC 板与 ABS 板。光滑的材料始终是干净、整洁的象征（图 2-25、图 2-26）。

图 2- 25 高光 PVC 板材

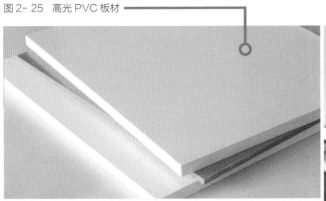

PVC 板材是由氯乙烯单体经自由基聚合而成的聚合物，是制作模型框架的首选材料。主要有片材、管材、线材。PVC 板材可分为软 PVC 板材和硬 PVC 板材。PVC 板材具有使用范围广、材质易于加工、着色强、可塑性强的优点。

图 2- 26 亚光 PVC 板材

3. 透明

　　透明材质主要用于表现建筑门窗与水泊，也可以用来制作内视模型或表现结构的概念模型。透明材料主要有 PC 透明板、有机玻璃板、玻璃等，质地分为透光、有色、磨砂等多种，透明材质须安装平整，稍有弯曲则会产生明显的凸凹（图 2-27、图 2-28）。

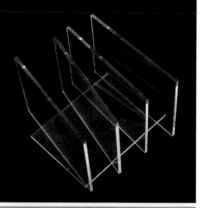

图 2- 27　有机玻璃板

有机玻璃又叫明胶玻璃、亚克力等，是一种高分子化合物，具有较好的透明性、化学稳定性、力学性能和耐候性，易染色、易加工、外观优美等特点。

图 2- 28　PC 透明板

PC 透明板是由聚碳酸酯树脂加工而成，具有透明度高、质轻、抗冲击、隔声、隔热、难燃、抗老化等特点，是一种高科技、综合性能极其卓越、节能环保型的塑料板材。

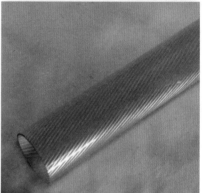

4. 反射

　　反射材质主要用于表现建筑模型中的反射金属、镜面、水泊等装饰构件，主要为有色反光即时贴、镜面玻璃等，反射材质尽量少用，只做装饰点缀即可（图 2-29、图 2-30）。

图 2- 29　有色反光即时贴

即时贴也叫自粘标签材料，是以纸张、薄膜或特种材料为面料，背面涂有粘胶剂，以涂硅保护纸为底纸的一种复合材料。

图 2- 30　镜面玻璃

镜面玻璃又称磨光玻璃，是用平板玻璃经过抛光后制成的玻璃，分单面磨光和双面磨光两种，表面平整光滑且有光泽。

五、配饰

在设计建筑主体的同时也要配置相应的环境，建筑模型中的环境氛围一般通过配景陈设来表现，如树木、绿地、道路、水泊、围墙、景观小品、人物、车辆、配套设施等（图2-31）。配饰的选用也要合理选配，要根据建筑模型的自身形态与表现特点来选配。

概念模型主要用于表达空间关系与形体大小，周边环境只做点缀，用于强化主体建筑的比例，在设计中可以尽量简化。商业展示模型主要用于陈设，为了极力表达丰富的视觉效果，在配套环境设计中要着重布置。住宅建筑周边需要增加绿地、水泊、景观小品、休闲设施等配件，尤其要保证绿地面积，体现出温馨宜居的生活环境。商业建筑周边要制作附属建筑与市政设施，增加人物、车辆的数量，体现出繁荣昌盛的面貌。文化建筑周边要预留广场、喷泉的位置，保证一些文化活动能顺利进行（图2-32）。

图2- 31 别墅建筑中的配饰景观

在这种具有写实特征的商业展示模型中，配景的作用是极为重要的，它能够将建筑物以及其所要展示的效果更明显地表达出来。

图2- 32 某一区域规划沙盘

这一区域的沙盘规划中，有着明确的住宅区、商业区与文化区的分配。通过配景的装饰，营造了极有生活氛围的居住空间。

049

树木、人物、车辆是建筑模型重要的装饰配景，在布置时要分清主次。树木要以道路为参照，布置在两侧与绿化空地中，低矮的植物呈序列状摆放，高大、特异的树木要保持间距。人物布置以建筑模型的出入口为中心，逐渐向周边扩展，营造出良好的向心力，体现出建筑模型的重要地位。车辆布置要了解基本交通规则，以行车道与停车场为依据摆放，路口分布密度稍大，桥梁、道路中端分布稍稀疏。

补充要点

建筑模型中配景的制作

（1）水面。在制作建筑模型比例较小的水面时，可直接用蓝色即时贴按其形状进行剪裁粘贴即可。在制作比例较大的水面时，要注意将水面与路面的高差表现出来，一般采用的方法是先将底盘上的水面部分进行镂空处理，然后将透明有机玻璃或带有纹理的透明塑料板按设计贴于镂空处，用自喷漆上色即可。

（2）汽车。汽车的制作方法和材料有很多种，下面说说比较常见的一些方法。如果是制作小比例模型车辆，可采用彩色橡皮直接切割即可。如果制作大比例汽车，最好选择用有机玻璃进行制作。

（3）路灯。在制作小比例路灯时，最简单的制作方法是将大头针带圆头的上半部用钳子折弯，然后，在针尖部套上一小段塑料导线的外皮，以表示灯杆的基座部分。在制作较大比例的路灯时，可以用人造链珠和各种不同的小饰品并配以其他材料，通过组合制作出各种形式的路灯。

（4）公共设施。此类配景物，一般包括路标、围栏、建筑物标志等。路牌制作首先按比例以及造型，将路牌制作好，然后喷漆上色。围栏的制作方法就较多了，最简单的方法是先将计算机内的围栏图像打印出来，通过剪裁粘贴制作成围栏。也可以利用划痕法制作。

（5）建筑小品。建筑小品包括的范围很广，如建筑雕塑、浮雕、假山等。这类配景物在建筑模型中所占的比例很小，但就其效果而言，往往能达到画龙点睛的效果。在制作建筑小品时，材料的选择要视表现对象而定，如在制作雕塑型小品时，可以用橡皮、纸黏土、石膏等。制作假山类小品，可用碎石块或碎有机玻璃块。

（6）表盘、指北针、比例尺。表盘、指北针、比例尺是建筑模型制作的又一重要部分，制作方法主要有四种：即时贴制作法、有机玻璃制作法、腐蚀板制作法、雕刻制作法。

第三节
建筑模型设计的一般步骤

初学建筑模型可以参照现有的建筑实体，经考察、测量后，将获取的数据重新整合，绘制成图纸再运用到模型设计中，高端商业模型则直接对照建筑设计方案图进行加工，两者的依据虽然不同，但是对建筑模型设计的要求与目的却基本一致（图2-33、图2-34、图2-35）。

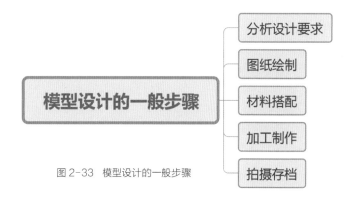

图2-33　模型设计的一般步骤

图2-34　学生建筑模型

学生做的建筑模型主要用来理解空间的布局与结构，对于精细的装饰可以不用过多使用。

图2-35　商业建筑模型

商业建筑模型要展示给大众，所以要进行精细加工，对于装饰细节以及灯光渲染都要做到最好。

051

一、分析设计要求

设计要求一般来自建筑模型的管理者与使用者，他们会根据建筑模型的具体应用提出设计要求。在学习研究过程中，老师会根据教学大纲与行业发展状况来设定学习目的，引导模型设计与制作，使模型制作者能深入领悟专业知识。在商业展示应用中，设计要求来自地产商、投资业主，他们会根据多年积累下来的业务经验与市场状况设定要求，一般追求真实、华丽的展示效果，希望提高制作效率，如期交付使用。

在与模型购买方进行合作时，首先要注意倾听对方的言语，不宜随时打断，注意在交谈中进行简单的记录，总结所有的问题之后再针对疑惑提问，并对解答进行记录。记录下来的设计要求一般分为以下三点。

1. 功能

建筑模型的展示场所、参观对象、使用时间、特技要求等。尤其要询问是否加入灯光、动力、水景、多媒体等特殊设备，这些元素需要经过特殊设计才能与建筑模型相融合。

2. 形式

建筑模型的设计风格、图纸文件、缩放比例等。尤其要获得建筑原始设计图纸，最好是 DWG 格式施工图，并确定模型的制作比例。

3. 技术

建筑模型的投资金额、指定用材、完成期限、安装与拆除的方式等。尤其要询问投资金额，或根据以往案例价格给出初步报价，当价格协商妥当后才能进行设计制作。

将上述问题记录下来认真分析，迅速向对方提出自己的设计观念，沟通达成一致后即可实施。在

商业建筑模型中，设计要求会作为合同条款来签订，这对双方是很好的约束，其中模型制作价格是重点，它直接影响到模型质量与商业利润。

二、图纸绘制

建筑模型设计图纸必须详细，其完善程度并不亚于建筑设计方案图，主要包括创意草图和施工图两部分。

1. 创意草图

草图是设计创作的灵魂，任何设计师都要依靠草图来激发创作灵感。自主创意的建筑模型必须绘制详细的创意草图，使线条与设计创意不断演进变化。草图可以很随意，但不代表胡乱涂画，每次落笔都要对创意设计起到实质性的作用（图 2-36）。

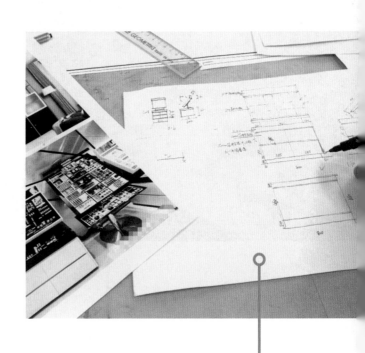

图 2-36 建筑模型草图绘制（蒋林 绘制）

进行模型制作之前，要先进行初步的草图绘制，数值要求准确，对家具的比例也要正确把握。

草图的表现形式因人而异，最初可以使用绘图铅笔或速写钢笔初作构思，不断增加设计元素，减少烦琐构造，所取得的每一次进展都要重新抄绘一遍。抄绘是确立形体的重要步骤，在抄绘过程中可以不断完善创意细节。确定形体后可以使用硫酸纸拷贝一遍，并涂上简单的光影或色彩关系，使之能用于设计师之间的交流（图 2-37）。待修改后可以采用计算机草图绘制软件来完善，并逐步加入尺寸、比例、材料标注等。

图 2- 37　草图光影与色彩（赵媛　绘制）

草图完成之后可以进行简单的上色，为后续填充材质做比较做准备。

小知识

模型比例确定方法

建筑与景观模型比例一般要根据模型的使用目的及模型面积来确定。比如，单体建筑及少许的群体景物组合应选择较大比例，如 1∶50、1∶100、1∶300 等。大面积的绿地和区域性规划应选择较小的比例，如 1∶1000、1∶2000、1∶3000 等。

2．施工图

建筑模型施工图主要用来指导模型的加工制作，在创意草图的基础上加以细化，主要明确模型各部位的尺寸、比例，图面上还须标注使用材料与拼装工艺，相对于建筑设计方案图而言，内容与深度也并不简单（图 2-38）。只不过它是模型，给制作者带来的心理压力要小些。

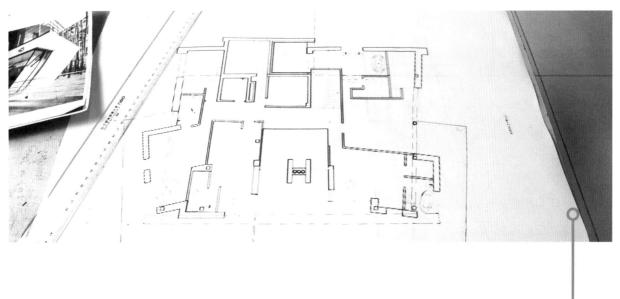

图 2- 38　模型图纸平面图

图纸绘制是制作模型最重要的一步，只有严格按照图纸，才能制作出精致且比例准确的模型。

建筑模型施工图一般包括整体平面图、立面图、电路设备示意图等内容。施工图是建筑模型制作的重要依据，要求在绘制过程中尺寸精确、制图严谨，保证建筑模型的最终效果。在习作模型设计中，施工图需要单独绘制，在商业展示模型设计中，施工图可以直接在建筑设计方案图的基础上简化或转换。

小知识

建筑模型博物馆

在世界各地的建筑事务所，手工比例模型在设计的沟通交流过程中起着无可比拟的作用。"建筑模型是一个建筑师表达自己设计思想最重要的工具"，建筑仓储基金会负责人坂茂解释道。"许多日本建筑师仍坚持制作建筑手工模型。但是，我担心没有一个组织可以很好地保存这些模型，并很好地使用它们。当前日本就存在很多建筑师没有足够的空间来容纳建筑模型的问题。在这种情况下，建筑仓储基金会应运而生，将它们存储于一个开放共享的仓库，并且将它作为展览空间向公众开放。除了存储模型，建筑仓储基金会还想利用这些模型举办各种展览和活动，激发建筑师和大众对于建筑和城市环境之间关系的认知。

SketchUp 草图绘制软件

SketchUp 绘图软件使设计师可以直接进行直观的构思，随着构思不断清晰，细节不断增加，最终形成的模型可以直接交给其他具备高级渲染能力的软件做最终渲染。设计师可以最大限度地控制设计成果的准确性（图 2-39）。SketchUp 直接针对建筑设计和室内设计，设计过程中的任何阶段都可以作为直观的三维成品，甚至可以模拟手绘草图的效果，能够及时解决与甲方交流的问题。在软件中可以为表面赋予材质、贴图，并且有 2D、3D 配景（可单独制作），又能方便地生成任何方向的剖面并可以形成可供演示的剖面动画。它能设定建筑所在的城市、时间，并可以实时分析阴影，形成阴影的演示动画。在建筑模型设计中，SketchUp 可以用于表现最终草图，甚至用来绘制模型施工图，它所提供的表现效果和尺寸比例能满足建筑模型的设计需求。

图 2-39　SketchUp 建筑草图（周娴　绘制）

这是关于室内家居设计的 SketchUp 建筑草图，a 图为整体模型，b 图为书房内景。

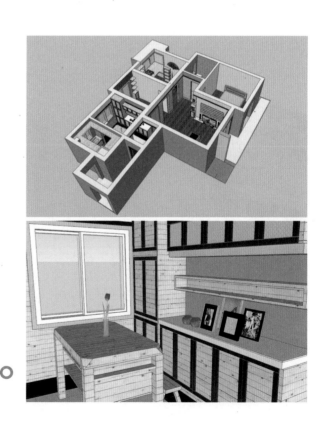

三、材料搭配

建筑模型的制作材料非常丰富，要根据设计要求与投资状况综合考虑。在没有特殊要求的情况下，一般可按 1：3：6 划分，即将全部模型材料按数量、种类平分为 10 份。10% 的高档材料用于点缀局部细节，如建筑门窗、路灯围栏、人物车辆等成品物件；30% 的中档材料用于表现模型主立面外观，如装饰墙板、屋顶、台阶、草地、树木等半成品物件；60% 的普通材料用于模型内部构造与连接材料，如墙体框架（图 2-40）、地基板材、胶水、油漆颜料等。

在经济条件允许的情况下，可以适度采用成品件或半成品件，这样可以大幅度提高工作效率，但是不要过分依赖成品件，它们受制于设计风格与缩放比例，并不是所有风格的沙发与所有比例的车辆都能买到。在概念模型中，大多数配饰品仍然需要独立制作。如果建筑模型的投资成本有限，也可以扬长避短，收集废旧板材用于基层制作，表面材料可以灵活选配。例如，砖块纹理墙板可以使用不干胶贴纸替代，植绒草皮纸可以使用染成绿色的锯末替代，纸板之间的粘贴可以使用双面胶或白乳胶，而不一定全部使用模型胶。

建筑模型最终还是由材料拼装而成的，尤其是商业展示模型，材料的种类一定要丰富，不能局限于 KT 板、纸板、贴纸、胶水等几种万能原料，在必要时可以增加几种不同肌理质感的 ABS 板与 PC 透明板（图 2-41）。不同材料相互穿插搭配，才能达到丰富、华丽的装饰效果。

图 2-40 材料搭配

图 2-41 ABS 板与 PC 透明板搭配制作（赛悦模型 制作）

补充要点

模型与玩具有区别

目前，市场上出现很多建筑仿真玩具，组装后具有一定的真实感，外表光洁，做工精致，与建筑模型的差异很小，很多模型制作者将其用到建筑模型中来当作建筑配景，虽然提高了效率，但是这种方式并不可取。建筑模型追求的是真实的比例与尺寸，形体要真实，材质要真实，结构更要真实。建筑仿真玩具虽逼真，其中比例与尺寸不可能与现实建筑完全一致，建筑仿真玩具追求的是装饰性与观赏性，用它来替代建筑模型仍会显得不协调。

四、加工制作

在建筑模型设计中就要考虑加工制作的可行性，应该反复评估制作中可能出现的问题，并提出一些解决方法。建筑模型制作要求精致、严谨，裁切材料时精度要高，拼装组合时紧密严实，目前主要分为以下三种制作形式。

1. 手工制作

手工制作是建筑模型基础制作方法，极力发挥设计者的创意，运用多种材料综合加工。手工制作的工具比较简单，主要集中在裁纸刀、剪刀、胶水、三角尺等基础工具上，凭借着剪切、粘贴、固定、涂装等工艺，能满足大多数条件下的制作要求（图2-42）。手工制作的模型形式多样，然而精确度不高，制作手法因人而异，面对大型商业展示模型往往显得力不从心。

2. 机械加工

机械加工是采用切割、整形机械对特定模型材料做加工，模型精度大幅度提高，工作效率突飞猛进。机械加工要求专用操作房间，经机械加工后，边角余料基本失去了再利用价值，成本较高。机械加工只限定采用与机械工具相搭配的特殊板材，造成模型形式单一，如果要添加装饰，还需通过手工制作来弥补（图2-43）。

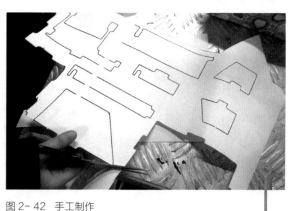

图2-42 手工制作

手工制作与裁切适合的细小部件与柔软材质的加工，灵活性较高，利用率较高。

图2-43 机械加工

机械加工往往适用于较大面积的板材，把握能够对板材进行快速处理，节省时间，提高效率。

小知识

3D 模型打印

3D 打印是一种快速成型技术，它以数字模型文件为基础，运用粉末状金属或塑料等材料，通过逐层打印的方式来构造物体的技术。3D 模型打印采用3D 打印机来实现，常在建筑设计、模具制造、工业设计等领域被用于制造模型。

3D 模型打印的设计过程是：先通过计算机建模软件建模，再将建成的三维模型"分区"成逐层的截面，即切片，从而指导打印机逐层打印。3D 打印机通过读取文件中的横截面信息，用液体状、粉状或片状的材料将这些截面逐层地打印出来，再将各层截面以各种方式粘合起来从而制造出实体，几乎可以造出任何形状的模型构造。甚至可以同时使用多种材料进行打印。当然，有些技术在打印的过程中还会用到支撑物，如在打印出一些有倒挂状的物体时，就需要用到一些易于除去的东西（如可溶物）作为支撑物。

3. CAM加工

CAM又称为计算机辅助制造（Computer Aided Manufacturing），它的核心是计算机数值控制（简称数控），是将计算机应用于制造生产过程的系统。数控的特征是由编码在穿孔纸带上的程序指令来控制机床。机床能从刀库中自动选择刀具并自动转换工作位置，能连续完成锐、钻、铰、攻丝等多道工序，这些都是通过程序指令控制运作的，只要改变程序指令就可以改变加工过程。

目前，在建筑模型制作领域正开始推广CAM制造，首先通过计算机绘制线形图，绘制的同时指定尺寸，将图形框架传输给数控雕刻机或裁切机，让其自动切割出模型板件，最后将板件进行简单装配即可。高档智能CAM还能自动装配，最终制出模型成品。CAM与普通机械加工不同，它采用全电脑控制，在雕刻与裁切过程中，制作者不必接触板材与刀具，大幅度提高了安全性与准确性（图2-44、图2-45）。

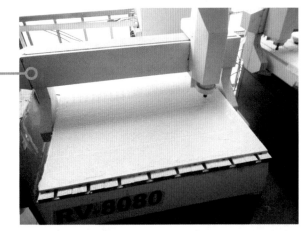

图2-44　CAM雕刻机

图2-45　CAM雕刻成型板材（赛悦模型　制作）

CAM系统虽然为现代制造业的发展立了汗马功劳，但在生产管理、操作使用上存在着与实际要求的巨大矛盾；在结构、功能专业化等方面与网络下系统集成化的要求存在严重的不协调；基本处理方式严重阻碍智能化、自动化水平的提高。这一切都使新一代CAM的诞生与发展成为必需。CAD技术中面向对象、面向特征的建模方式的巨大成功，为新一代CAM的发展提供了参考模式，网络技术为CAM的专业化分离与系统集成提供了可能。

五、拍摄存档

　　建筑模型制作完毕后，需要对作品拍摄存档，便于日后总结经验或推广。

　　拍摄时，相机尽量选用微距模式，采用三脚架固定，必要时可以为建筑模型布置照明灯、反光板、柔光罩等设备，以保证拍摄效果（图2-46、图2-47）。

图 2-46　建筑模型鸟瞰

建筑模型的拍摄角度尽可能多样化，鸟瞰、远景、近景、特写应该一应俱全，大型商业展示模型还可以利用摄像机做动态环绕记录。数码影像作品要传输至计算机做后期优化处理，最后打印成册或刻录光盘永久保存。

图 2-47　建筑模型近景

第四节
绘制制作图纸

绘图是建筑模型设计的最后环节，图纸对于团队工作尤其重要，是设计师与制作员之间的沟通工具，也是提高建筑模型质量的重要保证。建筑模型制图不同于建筑制图，具有以下特点。

一、制图形式

模型设计图纸依然按照《建筑制图标准》（GB/T 50104—2010）来执行。由于模型设计比建筑方案设计简单，一般只绘制模型的各立面图，只有内视模型与解构模型须增加内部平、立、剖面图。大多数原创设计师并不参与模型制作，因此还要绘制透视图或轴测图来向其他制作员讲解形体构造。此外，建筑模型的制图形式不能局限于普通 AutoCAD 软件绘制的线形图，小型习作概念模型可以徒手绘制（图2-48），中大型习作展示模型可以采用三角板与圆规绘制出比较严谨的图纸（图2-49），甚至可以在制图后期增加色彩与材质，这样能获得更直观的表现效果。

在商业展示模型制作过程中，投资方都会提供建筑的设计图，包括总平面图、平面布置图、外立面图、结构图等，这些图纸不一定都会用到模型制作中，但是能让制作者了解建筑设计的构思与创意。在模型制图中，可以根据制作比例简化原始图纸的内容，尤其是细节，如窗台、门套、路缘石等细节在大比例模型中均可省略。建筑模型的制图形式要以模型为中心，原始建筑设计图纸为建筑施工服务，而模型设计图纸专为模型制作服务。

图 2- 48　徒手绘制（卢永健　绘制）
徒手绘制可以用于建筑模型设计初期或概念模型的制作，主要是为了方便创意构思和修改，随意性较大。

图 2- 49　尺规绘制
尺规绘制往往已经有较为成熟的图纸初稿，在此基础上进行更加细致的结构设计，较为严谨。

施工图是建筑模型制作的重要依据，要求在绘制过程中精确定位，严谨制图，保证建筑模型的最终效果。在习作模型设计中，施工图需要单独绘制，在商业展示模型设计中，施工图可以直接在建筑设计方案图的基础上简化或转换。

二、比例标注

　　建筑模型一般都要按比例缩放，在尺寸标注上要注意与模型实物相接轨，为了方便制作，标注时要同时指定模型与实物两种尺寸，图纸幅面可以适度增加，如果条件允许还可以做 1 : 1 比例制图，即图纸与模型等大，这样能减少数据换算，提高工作效率。同样，在材料与构造的标注上，也应做双重说明，即表明模型与实物两种材料的名称，制作员才能不断比较、修改，以获取最佳制作效果。

　　从制作效率的角度来看，建筑模型的制作比例应选择 1 : 1、1 : 2、1 : 5、1 : 10、1 : 20、1 : 50、1 : 100、1 : 200、1 : 500、1 : 1000、1 : 2000、1 : 5000 等，能方便模型制作者在制作过程中随时得出细节尺寸。

三、外观效果

　　模型制图最终用于加工制作，在形体构造复杂的情况下也需要参照模型施工图绘制轴测效果图或透视效果图（图 2-50、图 2-51），然而模型效果图在视觉表现上可以不用渲染细腻的光影关系与复杂的环境氛围。

图 2-50　建筑模型 CAD 图（陈伟东　绘制）

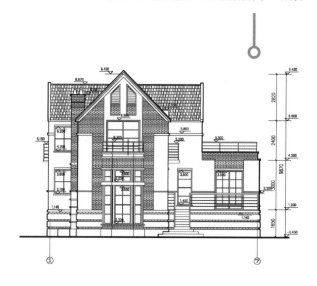

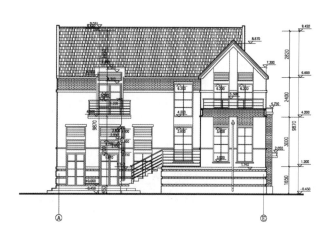

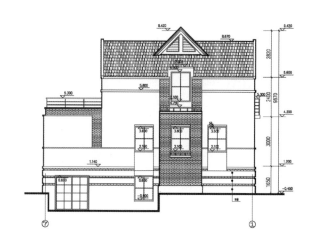

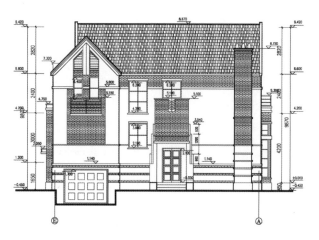

图2-51 建筑模型SU效果图（陈伟东 绘制）

此外，可以选用更方便、更快捷的制图软件来完成，以便设计的模型能随时修改（图2-52）。

对于制作要求比较高的建筑模型，可以采用SketchUp或AutoCAD等快速软件绘制三维外观，也可以根据实际情况徒手绘制，只要能表现出模型的基本色彩与材质类别即可。

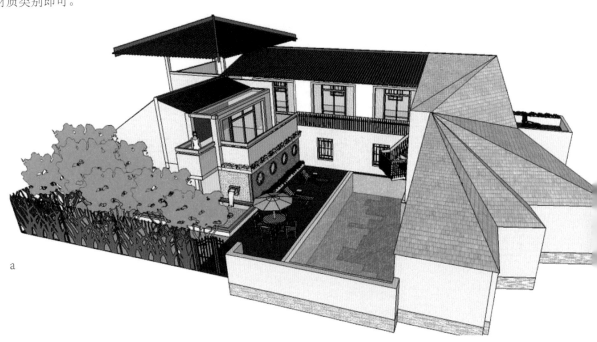

a

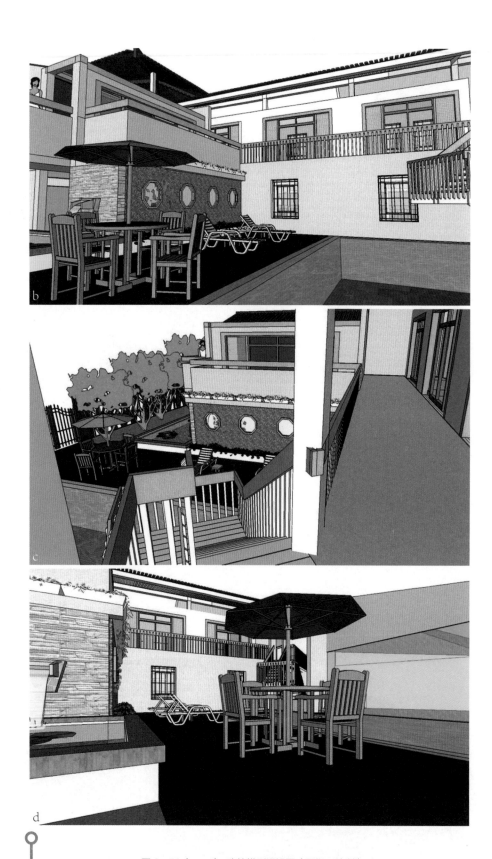

图 2- 52（a- d） 建筑模型透视图（周娴 绘制）

SketchUp 提供了一种实质上可以视为"计算机草图"的手段，它吸收了"手绘草图"和"工作模型"两种传统辅助设计手段的特点，切实地使用数字技术辅助方案构思，而不仅仅是把计算机作为表现工具。

补充要点

SketchUp 辅助建筑设计用途的表现

（1）环境模型。SketchUp 可以快速创建三维建筑环境模型，推敲设计方案。利用灵活的视图控制和分析工具从多个角度动态观察环境空间特征，从而触发构思创作灵感；其次，其丰富的环境素材图库，如人、树、车等，均按对象的实际尺寸建模，保证了配景素材能成为环境尺度的准确参照物。另外 SketchUp 还可以设定特定城市经纬度和不同时间段的日照阴影效果，还可以形成阴影的演示动画。建筑师可以借助 SketchUp 这些特性随心所欲地在相对准确而真实的模拟环境中进行设计创作构思，决策将更加合理、科学，方案构思更具说服力。

（2）空间分析。建模后，可以从任意角度浏览建筑外观、内部空间，以及建筑细部，分析各种空间节点。可以自定义虚拟漫游路线，以身临其境的方式观察设计成果的展示。另外，SketchUp 能根据需要方便快捷地生成各种空间分析剖面透视图，甚至可以生成空间剖切动画，表达建筑空间概念以及营造过程。

（3）形体构思。SketchUp 建模操作简单直接，易于修改，完全迎合设计师推敲方案的工作思路，尊重他们的工作习惯。SketchUp 配备了视点实时变换功能，可从多角度观察对象，重要的场景可存贮为"页面"，方便选择场景的不同视角。以各种比例放大或缩小建筑设计的细部形体来推敲建筑模型细节，这是传统工作模型无法比拟的。

（4）成果表达。SketchUp 直接面向设计构思过程，可以在任何阶段生成各种三维表现成果。SketchUp 提供了高效而低成本的设计表现技术。针对方案设计各阶段的表现需要，提供了不同的表现成果，并分别模拟了在方案设计的初期、中期和后期的成果表现。

第三章

模型制作的材料与工具

○ 章节导读

材料与设备是建筑模型的制作媒介，它们的种类繁多，在选择时要以模型的设计目的、制作工艺、投资金额为依据，适当选用。习作模型中的材料多以纸张、塑料为主，如材料需要进一步裁切、分割，以轻软质地的材质最为合适。商业展示模型多以硬质塑料板材、金属为主，主要通过机械雕刻加工。在条件允许的情况下，应利用多种工具、设备来加工材料，能提高制作效率与质量（图3-1）。

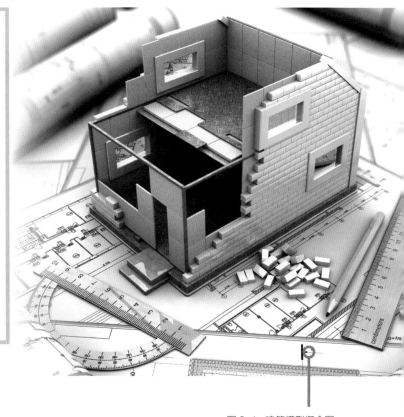

图 3-1　建筑模型概念图

第一节
材料的分类

建筑模型的制作材料非常丰富，在使用中一定要分清类别，不同种类的材料要采取不同的加工技法，避免因材料特性不适应加工设备而造成浪费。

高档模型材料一般是指有机玻璃板、成品 ABS 板、配景物件等，它们的优势在于形体结构精致，能提高工作效率，常用于投资额度较大的商业展示模型。同样，高档材料加工难度大，需要运用精密的数控机床来加工，在硬件设施上投资很大。中、低档材料一般是指印刷纸板、KT 板、PVC 发泡板、彩色即时贴等，它们的优势在于成品低廉，能手工制作，使用普通裁纸刀、三角尺、胶水即可完成，但要提高工作效率，需积累大量经验后方可熟能生巧。

在教学实践中，对材料与设备的选择应该尽可能多样化（图 3-2）。在条件允许的情况下，建筑模型以中、低档材料为主，适当增添成品装饰板与配景构件，甚至可以配合照明器具来渲染效果，以有限的条件创造无限的精彩。现有的模型材料可以按以下几种方式来分类。

图 3-2　习作建筑模型材料

在学习制作建筑模型时，要尝试使用多种材料，充分了解各种材料的特性，才能准确掌握材料选择的方法。

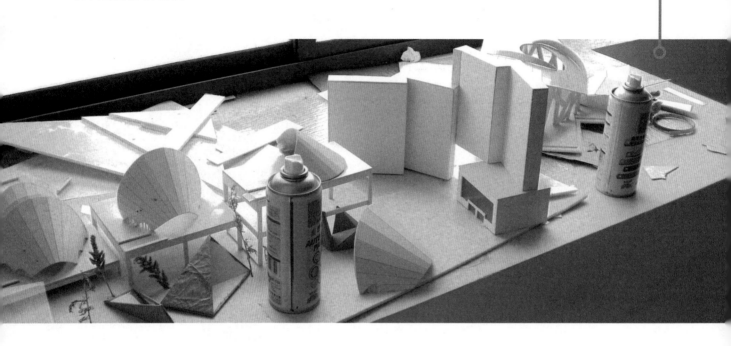

一、按化学成分分类

模型材料可以分为有机材料、无机材料、复合材料等几种。对有机材料与无机材料的选择可以控制建筑模型的耐候性。有机材料包括纸板、塑料板、专用粘胶剂等，而无机材料包括各种金属板材、杆材与管材。无机非金属材料一般不便于加工，如石材、陶瓷、泥灰等，但是成型后的效果比较厚重。复合材料使用最多，但是成本较高，如各种塑料金属复合板、配景构件等。在模型制作中要根据材料特性来变更模型设计方案。

二、按成品形态分类

模型材料可以分为块材、板材、片材、杆材、管材等几种。块材体量较大，长、宽、高之间的比例在 3 倍以内，常用的材料有泡沫板、原木等。板材的截面长、宽比在 3 : 1 以上，厚度为 1.2 ～ 60 mm，其中 1.2 ～ 6 mm 之间的薄板规格与普通纸张相同，6 mm 以上的厚板一般为（长 × 宽）2400 mm × 1200 mm。片材比较单薄，长、宽规格与板材相近，只是厚度一般在 1.2 mm 以下，包括各种纸张、印刷纸板与透明胶片。杆材与板材的外形相当，长度为截面边长或直径的 10 倍以上，杆材中央为实心，管材为空心，管材的壁厚直接影响材料的韧性。

模型材料被预制成固定形态有利于提高制作效率，但是要根据需要来选择，避免牵强搭配而造成不良效果。

三、按材料质地分类

模型材料可以分为纸材、木材、塑料、金属等几种。

纸材加工方便，成本低廉，包括各种印刷纸张与纸板。木材形体规整，体量感强，能加工成各种构件，包括木方、实木板、木芯板、胶合板、纤维板等多种。塑料的装饰效果最佳，色彩多样，肌理变化丰富，适用于商业展示模型，包括聚氯乙烯（PVC）、聚乙烯（PE）、聚苯乙烯（PS）、聚甲基丙烯酸甲酯（PMMA）、丙烯腈－丁二烯－丙烯

腈共聚物（ABS）等材料。材料形态覆盖方材、板材、片材、杆材、管材等，这些都是建筑模型制作中不可或缺的材料。金属材料硬度高，表面光滑，能起到很好的支撑作用与装饰效果，包括不锈钢板/管、各种合金板/管等。不同的材质具有不同的特性，要根据模型的制作需求做适当搭配，可以将不同类型的模型材料分开收纳，存放在纸盒中，能避免受潮及材质间互相污染。在同一建筑模型中各种材料的比例不能完全等同，需要表现出重点。

第二节
纸材

纸质材料在现代建筑模型制作中应用最广泛，它的质地轻柔，规格多样，加工方便，印刷饰面丰富，能适应各种场合的需要。纸质材料一般不独立使用，它的制作基础来源于其他板材，如KT板、PVC板、木板，以及各种方材、管材。单独使用纸材来制作模型的支撑构件容易造成变形、弯曲、起泡等现象。

目前，常用于建筑模型制作的纸质材料主要有书写纸、卡纸、皮纹纸、瓦楞纸、厚纸板、箱纸板等。它们的厚度、质地均不同，在制作前要根据模型需要来制定选购计划，避免造成浪费。

一、书写纸

书写纸又称为普通纸、复印纸，常见规格为标准A型纸，厚度为$70 \sim 80 \ \mathrm{g/cm^2}$，主要分白色（图3-3）与彩色（图3-4）两种，最常见的80 g白纸用于绘制创意草图与模型设计图，80 g彩色纸应用更广泛，可以随机穿插在模型中，表现出平和、自然的色泽效果。目前，在书写纸的基础上还加工成有色光面纸，这又包括高光纸与亚光纸两种，能为模型制作提供更多样的选择。

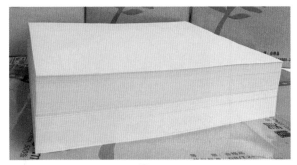

图3- 3 白色打印纸

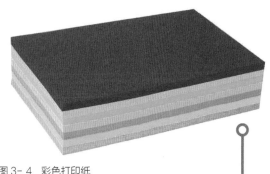

图3- 4 彩色打印纸

打印纸往往是作为辅助的，不能直接作为建筑主结构使用。作为装饰也尽量与其他材料配合。

二、卡纸

卡纸是重量大于或等于 150 g /m² 的纸材，是介于纸与板之间的一类厚纸的总称，主要用于明信片、卡片、画册衬纸等。纸面比较细致平滑，坚挺耐磨。根据用途还有不同的特性，例如，明信片卡纸须有良好的耐水性，米色卡纸须有适当的柔软性等。在建筑模型制作中，主要有白卡纸、灰卡纸、黑卡纸、彩色卡纸等多种（图 3-5 至图 3-7）。白卡纸的应用最多，它是一种坚挺厚实、定量较大的厚纸。它对白度要求很高，A 等品的白度应大于或等于 92%，B 等品应大于或等于 87%，C 等品应大于或等于 82%，白度 ≥ 90% 的产品就略显"光亮耀眼"。

卡纸可以用于基层表面找平或粘贴外部装饰层，要求要有较高的挺度、耐破度与平滑度，纸面应平整，不能有条痕、斑点、翘曲、变形等瑕疵。

图 3-5 白卡纸

图 3-6 黑卡纸

图 3-7 彩色卡纸

三、皮纹纸

皮纹纸属于特种纸，它种类繁多，是各种特殊用途纸或艺术纸的总称，原本主要用于印刷，由于纸面的设计效果不尽相同，现在也可以用于建筑模型表面装饰，色彩丰富，纹理逼真，可供选择的种类很多。

1. 合成纸

合成纸又称为聚合物纸与塑料纸，它是以合成树脂为主要原料，将其熔融后通过挤压、延伸制成薄膜，然后进行纸化处理而成，表面具有天然的纤维、不透明等效果（图 3-8）。合成纸中最常用的就是草皮纸（图 3-9）。

图 3-8 合成纸

合成纸具有质地柔软、抗拉力强、抗水性高、耐光耐冷热、并能抵抗化学物质的腐蚀又无环境污染、透气性好的特点。

图 3-9 草皮纸

草皮纸是景观建筑模型中最常用的装饰材料，方便快捷、利用率高。

2. 压纹纸

压纹纸是采用机械压花或皱纸的方法，在纸或纸板的表面形成凹凸图案。压纹纸通过压花来提高纸张的装饰效果，使纸张更具质感。目前，印刷用纸表面的压纹愈来愈普遍，胶版纸、铜版纸、白板纸、白卡纸等彩色染色纸张在印刷前都会经过压花（纹）处理，又称为压花印刷纸，能大幅度提高纸张的档次。压花花纹种类很多，主要包括布纹、斜布纹、直条纹、雅莲网、橘子皮纹、直网纹、针网纹、蛋皮纹、麻袋纹、格子纹、皮革纹、头皮纹、麻布纹、齿轮条纹等多种。这些压花广泛用于压花印刷纸、涂布书皮纸、漆皮纸、塑料合成纸、植物羊皮纸，以及其他装饰纸材（图3-10至图3-12）。

压纹纸可以用作一些建筑模型的墙壁装饰，由于质地柔软，因此容易断裂，使用时要特别注意。

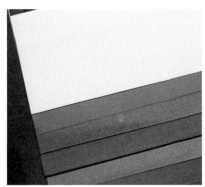 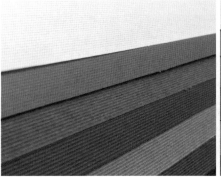 

图 3- 10　帆布纹　　　　　图 3- 11　细条纹　　　　　图 3- 12　针网纹

3. 花纹纸

花纹纸手感柔软，外观华美，用在建筑模型中给人富丽堂皇的视觉感受。花纹纸品种较多，各具特色，较普通纸档次高。花纹纸主要包括抄网纸、仿古纸、斑点纸、非涂布花纹纸、刚古纸、珠光纸、金属花纹纸、金纸等（图3-13至图3-15）。

金属花纹纸由于采用了新工艺，其金属特质绝不脱落，纸面爽滑，为印刷效果增添了无穷的魅力，它适用于各类印刷技术及特殊工艺，尤其是烫印工艺的表现。

 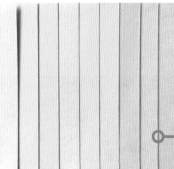 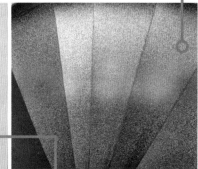

图 3- 13　珠光花纹纸　　　　图 3- 14　刚古纸　　　　　图 3- 15　金属花纹纸

珠光纸的特点，不含金属，非纺织纤维，是新型的环保产品。这种珠光纸在有纸的特性的同时，又有塑料的优点。珠光纸的比重轻、防水韧性好、耐撕性强、耐腐蚀、耐折叠、耐晒，不变色，有独特纹路，立体感强，印刷亮丽，符合现代环保的需求。

刚古纸是在英国生产的一种高级商用、办公用纸，含有25%棉麻，纸质轻而坚挺、纹路自然、触感舒适。

四、瓦楞纸

瓦楞纸是由面纸、里纸、芯纸与加工成波形瓦楞的纸张黏合而成的厚纸板，它可以加工成单面纸板或 3 ~ 11 层纸板。不同波纹形状的瓦楞具有不同的装饰效果。即使使用同样质量的面纸与里纸，由于楞形的差异，构成的瓦楞纸板的性能也有一定区别（图 3-16、图 3-17）。在建筑模型制作中，瓦楞纸独特的装饰肌理弥补了普通平板纸的不足，但是瓦楞纸经过裁切后边缘难以平整，不适合制作细节部位。

瓦楞纸板的楞形形状主要分为 V 形、U 形、UV 形 3 种。V 形瓦楞纸的平面抗压力值高，在使用中能够节省黏合剂的用量，且节约瓦楞原纸。但这种波形瓦楞制作的瓦楞纸板缓冲性差，瓦楞在受压或受冲击变散后不容易恢复。U 形瓦楞纸着胶面积大，黏结牢固，富有一定弹性，当受到外力冲击时，也不会像 V 形瓦楞纸那样脆弱，但平面扩压力强度不如 V 形瓦楞纸。根据 V 形瓦楞纸与 U 形瓦楞纸的性能特点，目前已普遍使用综合二者优点制作的 UV 形瓦楞纸，加工出来的产品既能够保持 V 形瓦楞纸的高抗压能力，又具备 U 形瓦楞纸黏合强度高，富有一定弹性的特点。

图 3-16　瓦楞纸板

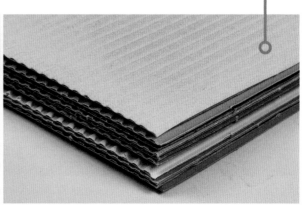

图 3-17　彩色瓦楞纸

五、厚纸板

厚纸板是建筑模型制作中最常用的纸材，一般将厚度大于 0.1 mm 的纸称为纸板，也可以认定小于或等于 225 g/m² 的纸材为纸，大于 225 g/m² 的纸材为纸板。

厚纸板大体分为包装用纸板、工业用纸板、建筑用纸板与装饰用纸板等 4 类，其中装饰用纸板主要用于建筑模型，厚度为 1 ~ 2 mm，目前以 1.2 mm 厚度的产品居多。厚纸板表面印刷色彩与图样比较丰富，可以根据需要选择，当没有合适的图样时，也可以采用即时贴或其他印刷纸材做覆盖装饰（图 3-18）。

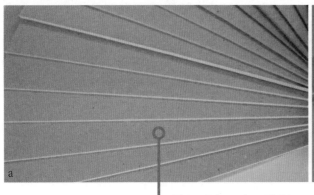

a

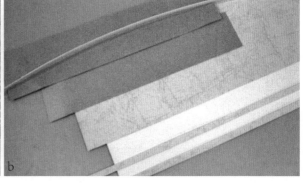

b

图 3-18（a-b）　厚纸板

厚纸板可以独立支撑建筑模型的重量，但是容易受潮，在模型组装时仍然要增加骨架基层。

纸张的规格

常用纸张有大度与正度两种规格，大度纸规格为 889 mm×1194 mm，正度纸规格为 787 mm×1092 mm。将整张纸对折为对开，对开纸再对折为 4 开，依次类推又有 8 开、16 开、32 开、64 开等。

目前，按照纸张幅面的基本面积，国际上流行将幅面规格分为 A 系列、B 系列与 C 系列，A0 的幅面尺寸为 841 mm×1189 mm，幅面面积为 1 ㎡；B0 的幅面尺寸为 1000 mm×1414 mm，幅面面积为 1.4 m²；C0 的幅面尺寸为 917 mm×1279 mm，幅面面积为 1.2 m²。其中，以 A 型纸最为流行，它的规格分别为 A0（841 mm×1189 mm）、A1（594 mm×841 mm）、A2（420 mm×594 mm）、A3（420 mm×297 mm）、A4（210 mm×297 mm）、A5（148 mm×210 mm）、A6（105 mm×148 mm）等。

纸张的厚薄以克重来衡量，克重表示一张纸中每平方米的重量，如 60 g、70 g、80 g、120 g 等，通常普通书写纸为 70 ~ 80 g。

微缩模型

将世界各国的名建筑、名景观微缩在一个区域，供人集中参观，这样的主体园区在各国都很受欢迎。在中国，深圳于 1994 年创办了"世界之窗"，将世界奇观、历史遗迹、古今名胜融合，一直都是参观胜地。日本也建设了这样的微缩景观园区。日本的主题公园内有120件世界著名地标的微缩建筑模型，共耗资 140 亿日元（约合人民币 8.29 亿元）。除建筑模型外，展品还加入了人的元素，每个模型约高 7.6 cm，展示着不同的场景和故事。游客表示建筑展品、细节制作都很精致，从照片上来看足以以假乱真。据《每日邮报》报道，旅行爱好者可以不出曼哈顿就能满足他们的视觉享受需求，这个新的景点叫格列佛之门（Gulliver's Gate），它涵盖了 100 个著名的微型地标建筑物，耗资 4000 万美元（2.7 亿元人民币）。同时，游客还可以通过访问手机上的应用程序，来找到他们感兴趣的模型。

六、箱纸板

箱纸板原本用于商品包装箱，保护被包装物件。它的质地较厚，厚达 3 ~ 8 mm，中央为不同形式的空心结构，外观一般呈淡黄色、浅褐色，具有较高的耐折性且不易破。箱纸板的成本低廉，获取来源广泛，但是经过裁切、修整后精确度不高，容易受潮，一般用于概念模型底盘或模型的墙体夹层。

1. 牛皮箱纸板

牛皮箱纸板又称为牛皮卡纸，一般采用 100% 的纯木浆制造，纸质坚挺，韧性好，是商品包装用的高级纸板，主要用于制造高档瓦楞纸箱，也可以用于概念建筑模型（图 3-19）。

图 3-19　牛皮箱纸板

2. 挂面箱纸板

挂面箱纸板用于制造中、低档瓦楞纸箱。国产挂面箱纸板一般采用废纸浆、麦草浆、稻草浆等 1 ~ 2 种混合做底浆，再以本色木浆挂面，其各项性能与挂面的质量密切相关，强度比牛皮箱纸板差，一般用于建筑模型的基层（图 3-20）。

3. 蜂窝纸板

蜂窝纸板是根据自然界蜂巢结构原理制作的纸板，将瓦楞原纸用胶水粘接成无数个空心立体正六边形，使纸芯形成一个整体的受力体，并在其两面黏合面纸而成的新型夹层结构的环保纸材，主要用于建筑模型底盘（图 3-21）。

在建筑模型制作中，纸类材料的表现力非常丰富。如绒毛均匀的植绒纸可以用来做草坪、绿地、球场、底台面等，原本用来打磨其他材料的砂纸可用来做球场、路面甚至刻成字贴到模型底台上，效果极佳。市场上还有系列仿石材料和各种地砖、墙面砖的型材纸张，这类型材纸张仿真程度高，简化了模型制作过程。但选用这类型材纸时，应特别注意造型图案的比例及型材纸张是否与模型制作整体风格统一（图 3-22）。

图 3- 20　挂面箱纸板

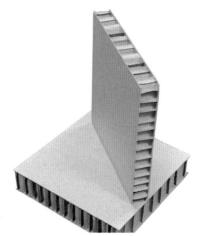

图 3- 21　蜂窝纸板

图 3- 22　纸质模型

纸类材料无论从品种、加工工艺，还是整体视觉效果来看，都是一种较理想的模型制作材料。

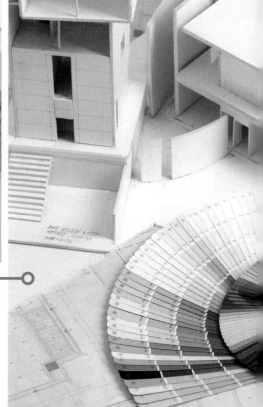

第三节
木材

木质材料是最传统的模型材料，木材质地均衡，裁切方便，形体规整，自身的纹理即是最好的装饰，在传统风格的建筑模型中表现力非常强。木材的加工比较严谨，最好利用机械切割、打磨，光滑的切面与细腻的纹理是高档建筑模型的制胜关键（图 3-23）。现代模型材料非常丰富，除了实木以外还有各种成品木质加工材料，如胶合板、木芯板、纤维板等。

图 3- 23　日式建筑木质模型

这是一组日式建筑模型，采用纯木质材料制作，色调的选择上也保持了统一，清新简约又富有意境。

一、实木

实木具有天然的纹理与色泽，具有独特的审美特性。用于建筑模型中的实木一般为软质树种，如杨木、杉木、桃木、榉木、枣木、橡木、松木等，有特殊工艺要求的也可以选用柚木、檀木等硬质木材。现代实木材料一般被预制加工成型材，经过严格的脱水处理工艺，不变形，不起泡，方便选购。主要实木型材有片材、板材、杆板与成品配饰等几种。

1. 片材

　　国产片材以正度纸规格为参照，单张片材规格一般为 4 开，厚度为 0.4～1.2 mm，薄木片采用精密的进口切割机床生产（图 3-24），材质以质地平和的榉木、枣木为主，少数进口软质片材为了防止弯曲、断裂，在木片背部粘贴一层纸板，在黏合材料时更容易涂胶固定。

图 3- 24　片材

木片形态的模型材料来源于厚纸板，纸板容易弯曲、折翘，木片的形体显得更加坚挺。

2. 板材

　　板材形体各异，主要以不同树种的体量为依据，乔木树种截面面积大，板面宽；灌木树种截面面积小，板面相对较窄。现代木质品工艺不断发展，高档成品木板也能做到无缝拼接，制成宽大的板面型材。常用于板材的原木树种有：杉木、杨木、榉木等，其中以杉木应用最广。成品板材常被加工成（长×宽）2400 mm×1200 mm、2400 mm×600 mm、1200 mm×600 mm 与 600 mm×300 mm 等规格（图 3-25）。

图 3- 25　板材

厚度为 3～15 mm，其中 3 mm、5 mm、6 mm 的木板可以用作木质模型的外墙，既可承重，又可围合装饰，它的使用频率最高。

3. 杆材

实木杆材是采用轻质木料加工而成的，主要分为方杆与圆杆两种，它的边长或直径为 1 ～ 12 mm 不等，长度随着粗度而增加，一般为 200 ～ 1000 mm（图 3-26）。杆材主要用于制作木质模型的门窗边框、栏杆楼梯、细部支撑构造等。在选用时也可以搭配牙签、筷子等廉价竹质日用品，但是仍然要以建筑模型的比例为基准，不要被材料的形体结构所牵制。

图 3- 26　杆材

杆材对于制作框架结构的模型来说具有非常大的作用，木质杆材具有稳定性较好、易于裁割、物美价廉等优点。

4. 成品配饰

将木材加工成小型建筑构件或配饰品，能统一木质模型的表现风格，优化设计的形式美，成品配饰一般包括栏杆、小型亭台楼阁、室内家具（图 3-27）、树木、车辆、人物等。它的比例主要为 1 ∶ 50、1 ∶ 100、1 ∶ 200、1 ∶ 500 等几种，能选择的范围不大，购买后要根据设计来涂饰油漆，避免棱角部位受到污染。对于大型木质建筑模型也可以参照实物，按比例制作。木质模型的表现亮点在于柔美的木质纹理，因此，不宜增添过多的成品配饰，否则会产成喧宾夺主的不良效果。

图 3- 27　仿古木质模型家具

木质模型家具在营造室内模型环境中经常被运用，无论是概念化家具或是精致写实的家具，皆具有独特的美感。

二、胶合板

胶合板是由原木旋切成单板或采用木方刨切成薄木，再用粘胶剂胶合而成的三层或以上的薄板材，通常为奇数层，使相邻层单板的纤维方向互相垂直排列胶合而成（图3-28）。有三合、五合、七合等奇数层胶合板。

从结构上来看，胶合板的最外层单板称为表板，正面的表板称为面板，用的是质量最好的板材。反面的表板称为背板，用质量次之的板材。而内层的单板材称为芯板或中板，由质量较差的板材组成。胶合板的规格为（长 × 宽）2440 mm×1220 mm，厚度有 3 ～ 21 mm 不等。

用于建筑模型的胶合板是将天然木质装饰板贴在胶合板上制成的人造板，装饰单板是用优质木材经刨切或旋切加工方法制成的薄木片，又称为饰面板。它可以弯曲，可以用来制作大幅度弧形构造，板面的纹理自然质朴，可以表现古典主义或田园风格的建筑模型。

图 3- 28　胶合板

胶合板既有天然木材的一切优点，容重轻、强度高、纹理美观、绝缘等，又可弥补天然木材自然产生的一些缺陷，如结疤、幅面小、变形、纵横力学差异性大等。

三、木板

木板主要是指木芯板与指接板，木芯板是具有实木板芯的胶合板，它将原木切割成条，拼接成芯，外表贴面材加工而成，其竖向（板芯纹理方向）抗弯压强度差，但横向抗弯压强度较高。指接板没有上下两层面材，直接将木质纹理显露出来，具有很强的装饰效果。

1. 木芯板

木芯板按加工工艺分为机拼板与手拼板两种，手工拼制是人工将木条镶入夹板中，木条受到的挤压力较小，拼接不均匀，缝隙大，握螺钉力差，不能锯切加工，只适宜做整体钉接。而机拼的板材受到的挤压力较大，缝隙极小，拼接平整，承重力均匀，长期使用结构紧凑不易变形。按树种可分为杨木、杉木、松木等，质量好的板材表面平整光滑，不易翘曲变形（图3-29）。

图 3- 29　木芯板

木芯板主要用于制作建筑模型的展台、底盘，或大型建筑模型的基础构造，需配合木龙骨使用。

2. 指接板

由于指接板没有面层薄板覆盖，能将木质纹理表现出来，因此主要采用杨木与杉木制作。适用于体量较大且用于表现木质纹理的建筑模型墙板、基础，但是抗压强度不如同等规格的木芯板(图3-30)。

图 3- 30　指接板

指接板表面纹理分有结疤与无结疤两种，后者价格较高，但是装饰效果较好。

补充要点

木芯板与指接板

优质木芯板与指接板的握螺钉力好，强度高，具有质坚、吸声、绝热等特点，而且含水率不高，在 10% ~ 13% 之间，加工简便，这两种板材的稳定性强，它的规格为（长 × 宽）2440 mm×1220 mm，厚度有 15 mm 与 18 mm 两种，在模型制作中一般要采用切割机加工。

四、纤维板

纤维板是以木质纤维或其他植物纤维为原料，经打碎、纤维分离、干燥后施加脲醛树脂等粘胶剂，再经热压后制成的一种人造板材（图3-31）。

纤维板因经过防水处理，其吸湿性比木材小，形状稳定性、抗菌性都较好。纤维板按容重可以分为硬质纤维板、半硬质纤维板与软质纤维板，其性质与原料种类、制造工艺的不同而具有很大的差异。硬质纤维板的容重大于 $0.8\,g/cm^3$，常为一面光或两面光的，具有良好的力学性能。半硬质纤维板又称中密度纤维板，容重为 0.4 ~ 0.8 g/cm^3。

软质纤维板的容重小于 0.4g/cm^3。目前，纤维板产品很丰富，如欧松板，是当今市场的主流产品，纹理更加自然丰富。

在建筑模型制作中，软质纤维板的使用频率最高，表面经过喷塑或压塑处理，具有一定的装饰效果，主要用于模型底座、墙板、隔板等，它的规格为（长 × 宽）2440 mm×1220 mm，厚度为 3 ~ 30 mm。

图 3- 31　纤维板

木质模型

木质沙盘模型利用独有的木质纹理及其结构，适合被用于结构分析和艺术欣赏。国际通用的木质模型主要采用胶合板材料，这种沙盘模型只需要经过涂饰处理就可以模仿多种材质，并且具有雕塑般的艺术效果。因木材加工比较困难现在除特殊需要外基本已不再采用。

木材是制作木质建筑模型和底盘的主要材料，加工简单，造价相对低廉，天然的木纹和人工板材的肌理都有良好的装饰效果。除了纸张和厚纸板以外，木头制作的材料在建筑学的模型制造中是最常用的材料（表3-1）。

表 3-1　　　　**木质建筑模型优缺点对比**

优点	缺点
质地轻、密度小、具可塑性、易加工成型、易涂饰、纹理自然	易燃、易受虫害侵蚀，并会出现裂纹和弯曲变形等

第四节
塑料

塑料材料的发展最为迅速，它属于高分子化合物，可以自由改变形体样式，主要由合成树脂、填料、增塑剂、稳定剂、润滑剂、色料等原料组成。塑料与其他材料比较，具有耐化学侵蚀，有光泽，部分透明或半透明，容易着色，重量轻且坚固，加工容易可大量生产，价格便宜，用途广泛等特点 (图 3-32、图 3-33)。

根据塑料的使用特性，通常分为通用塑料、工程塑料与特种塑料 3 种类型。其中用于建筑模型制作的塑料型材属于通用塑料，主要有 PVC、PE、PS、PMMA、ABS 等材料。

图 3- 32　白色塑料板制作的建筑模型

图 3- 33　彩色塑料板制作的建筑模型

一、聚氯乙烯

聚氯乙烯简称 PVC，是当今世界上使用频率最高的塑料材料，它是一种乙烯基的聚合物质，属于非结晶性材料。在实际使用中经常加入稳定剂、润滑剂、辅助加工剂、色料、抗冲击剂与其他添加剂，具有不易燃、高强度、耐气侯变化，以及优良的几何稳定性的特点。建筑模型中常用的 PVC 材料包括低发泡硬质板材、高发泡软质板材（图 3-34）、杆材、管材（图 3-35）等，其中高发泡软质 PVC 板材使用最多，整张规格为 1200 mm×600 mm，厚度为 2 ~ 10 mm，主要有白色、米黄色两种，凸凹纹理板材具有多种色彩，PVC 板可用于模型的墙体围合。

图 3- 34 PVC 板

PVC 的应用涉及各行各业，它具有稳定的物理化学性质，不溶于水、酒精、汽油、气体，水的渗漏性低，在常温下具有一定的抗化学腐蚀性，在建筑模型制作中能应对各种粘胶剂，质量非常稳定。但是 PVC 材料的光、热稳定性较差，在 100℃以上或经长时间阳光暴晒，就会分解产生氯化氢，并进一步自动催化分解、变色，机械物理性能迅速下降，因此在实际应用中必须加入稳定剂以提高对热与光的稳定性。

图 3- 35 PVC 杆 / 管

二、聚乙烯

聚乙烯简称 PE，也是一种应用广泛的高分子材料。聚乙烯无臭、无毒、手感似蜡，具有优良的耐低温性能，最低使用温度可达 -100℃，化学稳定性好，能耐大多数酸碱的侵蚀（不耐具有氧化性质的酸），常温下不溶于一般溶剂，吸水性小，电绝缘性能优良，但是聚乙烯材料对外界的受力（化学与机械作用）很敏感，耐热性差。建筑模型中常用的 PE 材料包括硬质板材（图 3-36）、杆材（图 3-37）、管材（图 3-38）等。

图 3-36 板材

图 3-37 杆材

图 3-38 管材

PE 的色彩柔和，质地细腻，具有半透光效果。整张板材的规格为（长 × 宽）2440 mm×1220 mm，厚度为 1 ~ 20 mm，颜色以白色为主，手工裁切时需力度较大，一般采用机械加工。

三、聚苯乙烯

聚苯乙烯简称 PS，是一种无色热塑性塑料，俗称泡沫塑料，它具有大于 100℃的转化温度，聚苯乙烯的化学稳定性比较差，可以被多种有机溶剂溶解，会被强酸强碱腐蚀，不抗油脂，在受到紫外光照射后易变色。聚苯乙烯质地硬而脆，无色透明，可以与多种染料混合产生不同的颜色。

建筑模型中常用的聚苯乙烯一般被加工成板材（图 3-39），整张板材的规格为（长×宽）2440 mm×1220 mm，厚度为 10～60 mm。在裁切时要注意将刀具完全垂直于板面，最好采用热熔钢丝锯加工，裁切表面需要使用砂纸或打磨机进一步处理。

在聚苯乙烯板的基础上，上下表面各增加一层 PVC 彩色薄膜，就形成了 KT 板（图 3-40），整张 KT 板规格为（长×宽）2400 mm×900 mm、2400 mm×1200 mm，厚度有 3 mm、5 mm、10 mm3 种。

图 3- 39 PS 板

PS 板主要用于模型的形体塑造或底板制作，色彩有白色、蓝色、米黄色、灰褐色等多种。

图 3- 40 KT 板

KT 板丰富了聚苯乙烯材料，常用于建筑模型的墙体或基层构造。

四、聚甲基丙烯酸甲酯

聚甲基丙烯酸甲酯又称为 PMMA，俗称亚克力、有机玻璃，它呈无色透明的玻璃状。PMMA 的产品有片材、板材、杆材、管材等各种品种。

建筑模型中常用的有机玻璃材料主要为片材与板材（图 3-41），片材与 A 型纸张规格相当，厚度为 0.1～1 mm 不等，板材规格为（长×宽）2440 mm×1220 mm，厚度为 1～6 mm，有机玻璃板的色彩丰富，主要有透明、半透明、乳白色、米黄色、中绿色、浅蓝色等多种色彩，它主要用于建筑模型的墙体、门窗、水泊、反光构件等。在使用时可以做热加工处理，制成弧形或圆形构造。

五、丙烯腈-丁二烯-苯乙烯共聚物

丙烯腈-丁二烯-苯乙烯共聚物简称 ABS,其中丙烯腈占 15% ~ 35%,苯乙烯占 40% ~ 60%,丁二烯占 5% ~ 30%,最常见的比例是 A ∶ B ∶ S = 20 ∶ 30 ∶ 50,ABS 树脂熔点为 175 ℃。

ABS 属于热塑型高分子材料。ABS 树脂是微黄色固体,有一定的韧性,它的抗酸、抗碱、抗盐的腐蚀能力比较强,可以在一定程度上耐受有机溶剂溶解。ABS 材料有很好的成型性,加工出的产品表面光洁,易于染色或电镀(图 3-42)。

建筑模型中常用的是 ABS 板材,主要产品有高光板、亚光板、皮纹板、复合植绒板等几种,板材规格为(长 × 宽)1020 mm×1220 mm,厚度为 1 ~ 200 mm。

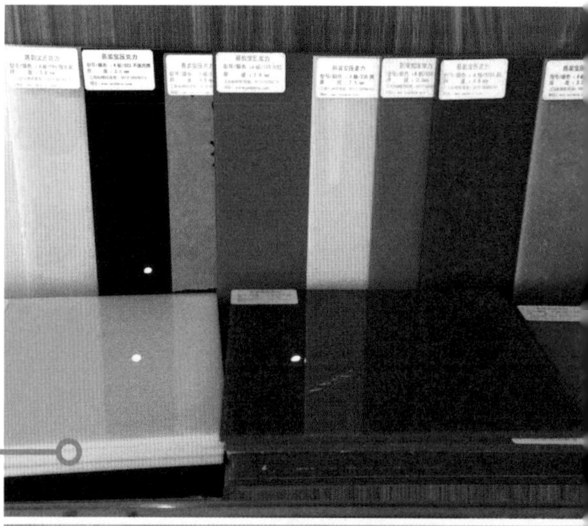

图 3- 41 彩色亚克力板

亚克力板具有极为优越的光学性能,属于高度透明的热塑性塑料,透光率达到 90% ~ 92%,获得了广泛的应用,但是表面硬度较低,容易被硬物划伤。

图 3- 42 ABS 板

ABS 板强度高、韧性好、易于加工成型。ABS 板质地较硬,但是可以弯曲成型,裁切时要使用机械加工,适用于商业展示建筑模型中的外墙板、楼板、屋顶、窗台等构件制作,表面可以喷漆着色。

补充要点

杆状材料的选用

杆状材料是指截面较小的长条形材料,这种型材中间或实心或空心,主要材质有木材、聚氯乙烯、有机玻璃、金属等,在建筑模型制作中应用较多,主要用于制作建筑模型中的围栏、龙骨、梁柱、门窗边框等构造,也可以用于各种纸材、板材饰边。杆状材料属于成品型材,外表光洁,形态完整,因此价格较高,在选用时应当控制用量,也可以对各种板材进行裁切,使板材变为杆状材料。

第五节
金属

　　金属材料在现代建筑模型中虽然应用不多，但是它具有坚硬的质地、光滑的表面，在模型制作中不可或缺。金属材料主要用于模型的支撑构件与连接构件，少数创意为了刻意表现金属质感，也会将金属板材用作围合装饰。常用于建筑模型的金属材料有铁丝、螺钉、不锈钢型材等。

图 3- 43　铁丝

铁丝的加固强度要大大高于粘胶剂，但是要注意用于外部装饰时，或者将其排列整齐，不能过于凌乱或影响其他材料的使用。

一、铁丝

　　铁丝是采用低碳钢拉制成的一种金属丝，按不同用途，成分也不一样，它的主要成分为铁，有时含有钴、镍、铜、碳、锌等其他元素。将炽热的金属坯轧成 5 mm 粗的钢条，再将其放入拉丝装置内拉成不同直径的线，并逐步缩小拉丝盘的孔径，经过冷却、退火、涂镀等加工工艺制成各种不同规格的铁丝（图3-43）。

　　常用于建筑模型的铁丝规格为 0.5 ～ 2 mm，除了金属本色产品以外，还有缠绕包装纸的装饰铁丝，主要用于基层构造或支撑构造的绑定。

二、螺钉

　　螺钉全称为螺丝钉，是指小的圆柱形或圆锥形金属杆上带螺纹的零件。螺钉的材质主要有铜、铁、合金等几种，其中铜质螺钉硬度较高，适合金属件的连接，铁质、合金螺钉适用于木质材料的连接（图 3-44）。螺钉的常用规格为（长）20 ～ 60 mm，每递增 5 mm 为一种规格。

图 3- 44　螺钉

建筑模型中的螺钉主要用于连接大型构件，尤其是连接建筑实体与底盘，外观平滑，无痕迹。

三、不锈钢型材

不锈钢型材原本用于建筑装饰领域，它独特的自然光泽能够为建筑模型增色不少。不锈钢的耐腐蚀性取决于铬，但是因为铬是钢的组成部分之一，用铬对钢进行合金化处理时，改变了表面氧化物的类型，能防止钢材进一步氧化。这种氧化层极薄，透过它可以看到钢材表面的自然光泽，使不锈钢具有独特的表现（图3-45）。

其板材规格为（长 × 宽）2440 mm×1220 mm，厚度有 0.5 mm、0.6 mm、0.8 mm、1 mm 等几种，表面效果分为镜面板、雾面板、丝光板等，折叠时需要采用模具固定，一旦错误弯折就很难还原。

不锈钢管主要用于建筑模型中的立柱或支撑构造，常用规格为（直径或边长）10 ~ 60 mm，每递增 5 mm 为一种规格。

图 3- 45　不锈钢板

不锈钢的硬度很高，用于建筑模型制作的型材一般比较单薄，主要用于建筑模型的展台或底盘装饰。

四、镀锌钢型材

镀锌钢型材主要是指表面经过电镀一层锌合金的钢材，镀锌是一种经常采用的经济而有效的防锈方法，世界上锌产量的一半左右均用于此种工艺。锌能在铁金属上形成表面氧化物，保护铁不受氧化而产生锈蚀，但是表面却没有不锈钢光滑，型材的厚度也有所增加。镀锌钢板的规格为（长 × 宽）2440 mm×1220 mm，厚度有 0.8 mm、1 mm、1.2 mm 等，为了保证装饰效果，型材表面都会涂饰一层油漆，在起到装饰效果的同时还能防止生锈（图3-46）。镀锌板带钢产品主要应用于建筑、轻工、汽车制造、农牧渔业及商业等行业。其中建筑行业主要用于制造防腐蚀的工业及民用建筑屋面板、屋顶格栅等；轻工行业用其制造家电外壳、民用烟囱、厨房用具等；汽车制造行业主要用于制造轿车的耐腐蚀部件等；农牧渔业主要用作粮食储运、肉类及水产品的冷冻加工用具等；商业主要作为物资的储运、包装用具等。

单面锌层即一面镀一定厚度的锌层，而另一面不镀锌的热镀锌板。单面热镀锌板的生产方法有疏锌法、直接法、间接法和双层分离法。单面热镀锌板主要用于汽车制造，有锌层的面防腐，无锌层的面有利于点焊。由于合金化板（锌铁合金）具备良好的焊接性，所以单面镀锌板已逐步被淘汰。

五、合金型材

合金是纯金属加入其他金属元素制成的，如铝合金、锰合金、铜合金等。合金比纯金属具有更好的物理力学性能，易加工、耐久性高、适用范围广、装饰效果好、花色丰富。利用铝合金阳极氧化处理后可以进行着色的特点，制成各种装饰品。以铝合金板材为例，表面可以进行防腐、压花、涂装、印刷等二次加工，制成各种规格的型材。常用规格为(长×宽) 2440 mm×1220 mm，厚度为 0.5 mm、0.6 mm、0.8 mm 等几种（图 3-47）。

图 3- 46　镀锌钢板

镀锌钢板的加工复杂，一般在大型建筑模型中用于内部支撑，外部装饰仍由纸材与塑料来完成。

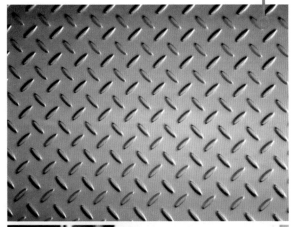

图 3- 47　铝合金板

建筑模型中常用铝合金薄板制作外墙墙板，坚硬的质地能给人带来稳重的视觉感受。

小知识

用加热法弯曲制作直角

首先，把需要加工的 ABS 板按尺寸切割好，注意尺寸准确。然后，将需要弯曲的部位用铅笔标出。用手钳夹住金属棒，用打火机加热，打火机要来回移动，以便于加热面受热均匀。等热度达到一定要求，将金属棒按照 ABS 板上标出的位置轻轻放下（如果金属棒热度过高不宜紧贴板材）。ABS 板受热变软，可根据要求进行弯曲。弯曲时角度不要一次成型，以免造成板材断裂或变形。如果金属棒热度减退，可用打火机重新加热，然后继续放置于板材上。最后，将板材弯曲到所需角度，冷却定型即可。

不同的材料有其不同的特色，制作模型之前需要对这些材料有一定的了解（见表 3-2），并对如何使用该材料制作模型有一个清晰的了解与认识（表 3-3）。

表 3-2   模型材料一览

类别	定义及组成	特性	缺点
纸材	原料主要是植物纤维，原料中除含有纤维素、半纤维素、木质素三大主要成分外，尚有其他含量较少的组分，如树脂、灰份等。此外还有硫酸钠等辅助成分，不同纸材添加不同的填料	表面具有天然纤维，其中花纹纸手感柔软，外观华美；金纸既能使彩色图像直接印刷在黄金之上，又能保留黄金的风采与性能，具有抗氧化、抗变色、防潮、防蛀的特性	普通纸材不防潮，易破损，外观较佳的纸材通常价格较贵
木材	木材是能够次级生长的植物，如乔木和灌木所形成的木质化组织	有很好的力学性质，加工制作方便，其中纤维板耐磨，绝热性好，不易腐朽、翘曲变形	具有天然缺陷，木节、斜纹理较多，不够美观；易变色；易干裂；干燥的木材易着火
塑料	塑料是以单体为原料，通过加聚或缩聚反应聚合而成的高分子化合物，俗称塑料或树脂，可以自由改变成分及形体样式，由合成树脂及填料、增塑剂、稳定剂、润滑剂、色料等添加剂组成	大多数塑料材质轻，化学性稳定，不会锈蚀，耐冲击性好，具有较好的透明性和耐磨耗性；绝缘性好，导热性低，一般成型性、着色性好，加工成本低	大部分塑料耐热性差，热膨胀率大，易燃烧；尺寸稳定性差，容易变形；多数塑料耐低温性差，低温下变脆；容易老化；少数塑料易溶于溶剂
金属	通常将具有正的温度电阻系数的物质定义为金属，绝大多数金属以化合态存在，少数金属例如金、银、铂、铋以游离态存在	具有光泽（即对可见光强烈反射）、富有延展性耐腐蚀、耐氧化，容易导电、导热。	不易加工成型

表 3-3   建筑模型制作技法一览

类别	适用对象	基本步骤	备注
聚苯乙烯模型	主要用于建筑构成模型、工作模型和方案模型的制作	画线：一般采用刻写钢板的铁笔作为画线工具。 切割：使用电热切割器，用直角尺确定好电热丝与切割器工作台垂直然后通电。 粘接、组合：粘接时，常用乳胶做粘胶剂，在粘接过程中需用大头针进行扦插，辅以定型	在切割体块时，注意保证切割面平整，保持匀速推进切割器
纸板模型	薄纸板模型：主要用于工作模型和方案模型的制作	画线：根据平、立面图画线。 剪裁：将平、立面图用胶水喷湿后平裱于薄纸板，待干燥后再剪裁。 折叠、粘接	切割时注意切割力度
	厚纸板模型：主要用于展示类模型的制作	选材：根据制作要求选择不同色彩及肌理的基本材料。 画线：一般用铁笔或 H、2H 铅笔。 切割、粘接	
木质模型	主要用于古建筑和仿古建筑模型制作	选材：注意选择木材纹理清晰、疏密一致、色彩相同、厚度规范的板材。 材料拼接：主要有对接法拼接、搭接法拼接和斜面法拼接。 画线、切割。 打磨：选用细砂纸进行，顺纹理打磨；注意依次打磨，不要反复推拉，要打磨平整。 粘接、组合	绘制图形时要注意木板材纹理的搭配
有机玻璃板及 ABS 板模型	主要用于展示类建筑模型的制作	选材：有机玻璃板选择厚度一般为 1～5mm，ABS 板一般为 0.5～5mm。 画线：一般选用圆珠笔或者游标卡尺画线。 切割、打磨、粘接、上色	在选材时注意板材表面的情况，用圆珠笔画线时用酒精擦拭干净板材上的油污，再用旧细砂纸轻微打磨。用游标卡尺画线时用酒精擦拭干净油污即可画线

金属拼装模型

金属拼装模型，一般采用黄铜或不锈钢金属材质制成，由金属拼接组装而成的模型被称为金属拼装模型，严格来说属于玩具。

常见的金属拼装模型有建筑类模型、军事类模型、乐器类模型等。金属拼装模型是当前最高档的拼装模型，也是最受模型爱好者宠爱的拼装模型类型。金属拼装模型拥有的天然金属质感及所散发出的诱人光泽是其他材质模型无法比拟的。金属拼装模型，克服了纸制模型易变形、结构性差，木制模型褪色、纹路少，塑料模型稳定性差、易变旧等诸多问题。

第六节
粘胶剂

粘胶剂是建筑模型制作中必备的辅助材料，它能快速粘接模型材料，相对于构件连接的方式，能大幅度提高工作效率。现代模型材料种类丰富，要根据材料的特性正确选用，不能一味追求万能的粘接效果。目前常用的粘胶剂主要有不干胶、白乳胶、502胶、硅酮玻璃胶、透明强力胶等几种。

一、不干胶

不干胶又称为自粘标签材料，是以纸张、薄膜或特种材料为面料，背面涂有丙烯酸粘胶剂，以涂硅保护纸为底纸的一种复合材料。

现代不干胶产品丰富，主要包括透明胶（图3-48）、双面胶（图3-49）、双面泡沫胶（图3-50）、印刷贴纸胶（图3-51）、即时贴纸胶（图3-52）等，这些产品为建筑模型制作奠定了坚实的基础，它主要用于粘接普通纸材与轻质塑料板材，在没有其他粘胶剂的情况下，合理运用不干胶产品也能获得良好的粘接效果。

图3-48 透明胶

图3-49 双面胶

图3-50 双面泡沫胶

图3-51 印刷贴纸胶

图3-52 即时贴纸胶

二、白乳胶

白乳胶原名聚醋酸乙烯酯，是由醋酸与乙烯合成醋酸乙烯，再经乳液聚合而成的乳白色稠厚液体（图3-53）。白乳胶质量稳定，可常温固化，粘接强度较高，粘接层具有较好的韧性与耐久性且不易老化。

白乳胶广泛应用于厚纸板之间的粘接，同时也可作为木材的粘胶剂。使用白乳胶粘贴木材时，需要按压固定5～10分钟，木材之间要具有转角形式的接触面（榫口），不能用于其他材料的粘接。

图3-53 白乳胶

白乳胶可常温固化，固化较快，粘接强度较高，粘接层具有较好的韧性和耐久性且不易老化。可广泛应用于粘接纸制品（墙纸），也可做防水涂料和木材的粘胶剂。

三、502 胶

502胶是以 α-氰基丙烯酸乙酯为主，加入增黏剂、稳定剂、增韧剂、阻聚剂等，通过先进生产工艺合成的单组分瞬间固化粘胶剂（图3-54）。它具有无色透明、低黏度、不可燃，成分单一、无溶剂等特点，但是稍有刺激味、易挥发，挥发气具有弱摧泪性。它的粘接原理是在空气中的微量水催化下发生加聚反应，迅速固化而将被粘物粘牢。

由于502胶能瞬间快速固化，又称为瞬干胶，能粘接金属、橡胶、玻璃等，非常适合短时间粘接，广泛用于钢铁、有色金属、非金属陶瓷、玻璃、木材、橡胶、皮革、塑胶等自身或相互间的黏合，但是对聚乙烯、聚丙烯、聚四氟乙烯等难粘材料，粘接表面需经过特殊处理。

图3-54 502胶

502胶黏结速度是非常快的，并且黏结强度很高，但是固化后较脆，不能受到冲击震动，耐老化、耐温性、耐水性则较差。

四、硅酮玻璃胶

硅酮玻璃胶从产品包装上可分为两类：单组分与双组分。单组分的硅酮胶，其固化是靠接触空气中的水分而产生物理性质的改变；双组分则是将硅酮胶分成 A、B 两组，任何一组单独存在都不能形成固化，但两组胶浆混合就立即产生固化。目前市场上常见的是单组分硅酮玻璃胶（图 3-55），类似于软膏，一旦接触空气中的水分就会固化成坚韧的橡胶类固体材料。硅酮玻璃胶的粘接力强，拉伸强度大，同时又具有耐候性、抗震性、防潮、抗臭与适应冷热变化强等特点。

硅酮玻璃胶主要用于光洁的金属、玻璃、不含油脂的木材、硅酮树脂、加硫硅橡胶、陶瓷、天然及合成纤维，以及部分油漆塑料表面的粘接。

优质硅酮玻璃胶在 0 ℃以下使用不会发生挤压不出、物理特性改变等现象。充分固化的硅酮玻璃胶在环境温度达到 200 ℃的情况下仍能持续有效。目前，硅酮玻璃胶有多种颜色，常用颜色有黑色、瓷白、透明、银灰、灰、古铜 6 种。

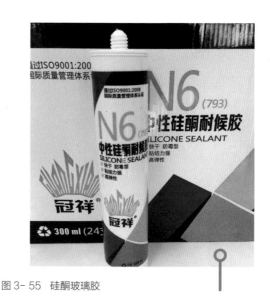

图 3- 55　硅酮玻璃胶

双组分硅酮玻璃胶是以室温硫化硅橡胶 107 和甲基硅油 201 材料为主，以金属氧化物为硫化剂的室温硫化的双组分密封胶，该胶固化后，具有优异的耐候性，抗紫外线的性能，耐高低温、耐老化性，以及高黏结强，对玻璃和铝合金也有良好的黏结性。主要用于中空玻璃密封第二道密封。

五、透明强力胶

透明强力胶又称为模型胶、万能胶，是目前最流行的建筑模型粘胶剂，它的主要成分是乙酸甲酯、丙酮（图 3-56）。透明强力胶具有快速粘接模型材料的特性，适用于各种纸材、木材、塑料、纺织品、皮革、陶瓷、玻璃、大理石、毛毯、金属等材料，常见包装规格为 20 ml、33 ml、125 ml 等。

使用时，将胶水均匀涂抹在粘接面上即可粘接，胶水质地完全透明，能真实反映材料的原始形态。只是在使用时要注意保洁，不宜在模型构件表面残留多余的透明强力胶，以免使模型产生粗糙的外观效果。

图 3- 56　模型胶

UHU 牌模型胶是我们最常见也是最常使用的模型胶，它能解决各式修缮黏着问题，包括各式万用或特殊胶剂，以应对各种材质的黏合：塑料、金属、布料、皮革、木材、陶瓷……可应付高低温、紫外线、风化、湿气等各种特殊情况。

六、软陶

软陶是聚氯乙烯（PVC）与无机填料混合而成具有一定黏稠度的复合材料，其性能与陶土相似，又称为陶泥（图3-57）。软陶可以用来粘接建筑模型构造，因此可以认为是一种能塑造形体的粘胶剂，具有造型自由，烘烤后不破碎等特点。软陶的加工制作方法与传统的橡皮泥类似，简单方便，一般用于工艺品与儿童玩具，现在也可以用于建筑模型制作，特别针对特殊的弧形建筑构造，采用软陶材料制作显得特别轻松。制作完毕的软陶模型构件必须经过加热定型。可以将软陶构件放入冷水中文火加热直至开锅，并保持此状态20分钟，自然冷却后即成型。也可以重复2～3次，直到达到满意的效果为止。还可以将要定型的软陶作品放入烤箱中，设置烘烤温度为120℃，烘烤10分钟，待炉温自然降至室温时再将构件取出。

图3-57 软陶

软陶又叫塑泥，源于欧洲，20世纪80年代台湾引进译为软陶，20世纪90年代大陆引进译作塑泥。它并不是陶土类，而是一种PVC人工低温聚合材料，从外形看像橡皮泥，但定型之后类似塑料，可做比较生动的造型，是专业雕塑材料之一。

补充要点

即时贴

即时贴最早于1964年由一名为斯宾塞·希尔次（Spencer Silver）的化学家发明。即时贴品种繁多，能满足大多数建筑模型的外表装饰需求。即时贴色彩、纹理多样，能仿制出各种建筑材料，主要用于建筑模型的外表粘贴，起到快速装饰作用。

即时贴品种很多，按表膜可以分为透明PET、半透明PET、透明OPP、半透明OPP、透明PVC、有光白PVC、无光白PVC、合成纸、有光金（银）聚脂、无光金（银）聚脂等多种样式的产品。

第七节
制作工具

要提高建筑模型的工作效率，提升产品质量，必须使用一些器械与设备。操作器械具有技术含量，需要掌握正确的使用方法，并加强训练才能达到要求。常用的器械工具主要包括手工工具、机械工具与机床设备 3 大类。

一、手工工具

手工工具是指能徒手操作的器械，主要分为分割工具与整形工具两种。其中分割工具包括剪刀、美工刀等；整形工具包括螺丝刀、引导线、钢锉、钢锥、钢丝钳等（图 3-58）。

图 3-58　常规手工工具

使用手工工具前，必须检查手工工具是否有损坏，不应使用不安全的工具；保持工具清洁，特别是工具的手握部分，以免工作时手滑摔出；配戴适当的个人防护用具如眼罩、手套等；以正确姿势及手法使用手工工具，使用时姿势应以出力平稳最为安全，切勿过分用力；使用锋利的工具时，切勿将刀锋或尖锐部分对着别人；不使用时，工具应以防护物将刀锋或尖锐部分包上进行保护，避免用手携带工具或放在衣袋里；不应误用手工工具做其他用途；了解各项手工工具的特点并且正确使用。

无论哪种工具都要谨慎操作，避免伤害人体，使用金属工具时最好戴上橡胶手套，防止汗液打滑。在制作精确模型时，要使用直尺或其他物件来引导工具的施力方向，避免产生粗糙的边缘。此外，金属工具要注意保养，定期打磨刀刃并涂抹润滑油，统一归纳在工具箱里（图3-59）。

图3-59 工具箱

工具箱采用 PP 工程塑料，承重力好，外形美观大方，可塑性强，色彩多样，手提工具箱内部容积大，可分离内胆，分别采用塑料卡扣和金属卡扣。

二、机械工具

机械工具是指采用电力、油料、燃气、液压等为动力源的自动加工设备，在建筑模型制作中，根据加工目的主要有切割机、钻孔机、打磨机、热熔器、喷涂机等。

图3-60 砂轮切割机

砂轮切割机，又叫砂轮锯，是可对金属方扁管、工字钢、槽型钢、圆管等材料进行切割的常用设备。

1. 切割机

切割机是利用高速旋转的切割刀片或刀锯，对被加工物件进行切割或开槽的设备，它是建筑模型制作中最常用的机械工具。切割机主要分为普通多功能切割机与曲线切割机。普通多功能切割机采用圆形刀片为切割媒介，能对纸材、木材、塑料、金属等材料做直线切割，刀片厚度一般小于或等于 1.5 mm，操作时要预留刀片的切口尺度。

曲线切割机又称为线锯，利用纤细的锯绳在操作台上快速上下移动来分割材料，针对木质、塑料板材能切割出曲线形体，是普通多功能切割机的重要补充（图3-60、图3-61）。

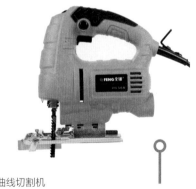

图3-61 曲线切割机

曲线切割机主要用于木材、硬纸板等材质的曲线切割，其独特之处在于可切割封闭曲线及拐点尖锐的曲线。

2. 钻孔机

钻孔机是利用高速旋转的螺旋轴杆对被加工物件钻孔的机械设备（图 3-62）。钻孔机操控简单，使用时要在加工材料下方垫隔一层其他材料，保证被加工材料的孔洞能均匀生成，能有效避免开裂、起翘。针对木材等粗纤维材料可以降低钻孔速度，金属、塑料则可提高钻孔速度。

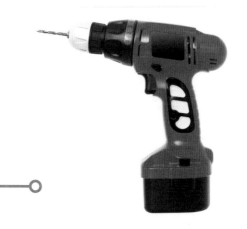

图 3- 62　便携式钻孔机

使用钻孔机前要仔细检查钻孔机的各零部件是否齐全；螺丝有无松动；润滑油是否达到要求位置；控制按钮是否灵活可靠；钻杆、钻头有无损坏；支孔架有无断裂；喷雾设施是否安装到位。

3. 打磨机

打磨机是采用不同粗糙程度的齿轮或砂纸盘对模型材料表面做平整加工的机械（图 3-63）。纸材、木材、泡沫等低密度材料选用粗糙砂纸盘，塑料、金属、玻璃等高密度材料选用精细齿轮。

图 3- 63　打磨机

手持式微型高精密电动打磨机在工作中会产生很多粉尘，要经常清理，控制箱用电吹风（开在冷风档）对着散热孔进行清理，以防灰尘堆积。工作时间累计在 500 小时左右需要检查碳刷是否已经磨损，如果碳刷已经消耗了 2/3 长度，中心部位可以看到铜线裸露，必须更换碳刷，否则马达的转子会加速磨损，直接影响马达寿命。

图 3- 64　热熔器

4. 热熔器

热熔器是针对有机玻璃板做热弯加工的专用机械（图 3-64），它能将平整的有机玻璃按设计要求热弯成各种角度，热弯半径为 5 ～ 200 mm 不等，热弯无痕迹、无裂缝，保持有机玻璃的原有面貌。

要注意熔接部位的清洁，不可以有杂物或水渍；插入方向要正，并且是循序渐进。熔接时间的长短一般是安装工根据经验控制，与两个因素有关：①管材及配件的规格。规格越大，熔接时间越长；②环境温度。冬季时间长，夏季时间短。

5. 喷涂机

喷涂机的核心是空气压缩机（图 3-65），它能将普通空气加压后传输给色料喷枪，带动色料喷涂至模型表面，是一种完备的涂装机械。喷涂机又分为通用喷涂机与无气喷涂机，通用喷涂机是利用加压空气带动色料，适用于水性颜料，而无气喷涂机是利用空气负压原理将色料喷涂出来，色料中不掺杂空气，不会产生由气泡引起的空鼓现象，适用于细腻的油性色料。

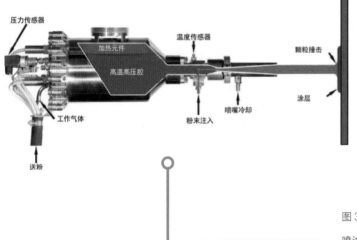

图 3- 65 喷涂机及其原理

喷涂机的主要工作部位为双作用式气动液压增压泵，换向机构为特殊形式的先导式全气控配气换向装置。进入压缩空气后，活塞移动到气缸上端部或下端部时，使上先导阀或下先导阀运动，控制气流瞬间推动配气换向装置换向，从而使气动马达的活塞做稳定连续的往复运动。由于活塞与涂料柱塞泵中的柱塞刚性连接，并且，活塞的面积比柱塞的面积大，因而使吸入的涂料增压。被增压的涂料，经高压软管输送到无气喷枪，最后在无气喷嘴处释放液压，瞬时雾化后喷向被涂物表面，形成涂膜层。

三、机床设备

今后的建筑模型制作会逐渐向自动化操作迈进，高端的机床设备能满足这一需求，它通过独立的计算机控制，对模型材料做自动加工。目前常用的机床设备主要有数控切割机、数控雕刻机、三维成型机。

1. 数控切割机

数控切割机能将计算机绘制的图形在所指定的材料上切割出来，形体完整，一次成型，效率高，全程工作无需人员值守。绘制的图形需要使用配套的专业软件，切割机上的刀具品种齐全，能满足各种模型材料的加工需求。目前高端产品为激光切割机，切割面与边缘更加光滑、平顺。（图 3-66、图 3-67）

图 3- 66　数控切割机

数控切割机，通过数字程序驱动机床运动，使随机配带的切割工具对物体进行切割。

图 3- 67　激光切割机

激光切割加工是用不可见的光束代替了传统的机械刀，具有精度高，切割快速，不局限于切割图案限制，自动排版节省材料，切口平滑，加工成本低等特点，将逐渐改进或取代传统的金属切割工艺设备。

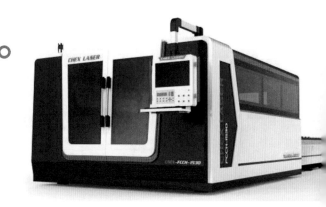

2. 数控雕刻机

数控雕刻机除了将计算机绘制的图形切割下来，还能根据原始材料的厚度做不同深度的雕刻（图 3-68），主要在板材表面加工文字与图案，雕刻后的纹理深浅不一，变化生动。高端的激光雕刻机精度更高，还能在有机玻璃板中央做中空镂雕，进一步拓展了建筑模型的品种。

图 3- 68　数控雕刻机

数控雕刻机可对木材、家具、金属、亚克力等进行浮雕、平雕、镂空雕刻等。其雕刻既快速又精准。

3. 三维成型机

三维成型是一项先进的制造技术，它可以在无需准备任何模具、刀具的情况下，直接接受计算机（CAD）数据，快速制造出模型样件。三维成型机也可以称为立体打印机，它可以在没有任何刀具、模具及工装卡具的情况下，快速直接地实现模型构件的生产（图3-69）。

三维成型机的工作原理比较复杂，是将计算机内的三维数据模型进行分层切片，从而得到各层截面的轮廓数据，计算机根据这些信息控制激光器或喷嘴，有选择性地烧结液态光敏树脂，最终采用熔结、聚合、黏结等手段使其逐层堆积成一体，便可以制造出所设计的模型构件，如墙板、门窗、家具等。整个过程是在计算机的控制下全自动完成，最后经过紫光固化处理。三维成型机能大大缩短新模型制造时间，提高了制造复杂模型配件的能力，显著提高模型配件的一次成功率。有利于优化产品设计，节省了大量的开模费用，特别适合单件及小批量建筑模型生产。

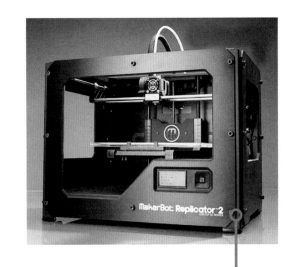

图 3-69　三维成型机

三维成型机是快速成型技术的一种，它是运用粉末状金属或塑料等可黏合材料，通过一层又一层的多层打印方式构造对象。模具制造、工业设计用于建造模型，现正发展成产品制造，形成"直接数字化制造"。

小知识

一些超好用的小工具

（1）3M 喷胶。

喷剂式胶水，能够粘住大面积纸张或物品，黏度有较弱的 55 号和较强的 99 号，将图纸粘在板上切割后直接撕掉可不留有痕迹。

（2）亚克力打底剂。

稀释之后平涂在模型上可以消灭接缝，让表面亚光，能够营造类似白水泥的真实感。

（3）热风焊枪。

一般做模型主体材料的大多是 PVC 和木头，这个是用来处理 PVC 的。想做曲面的时候，一般做法是在 PVC 的一侧划开口，分割成一堆平面来模拟曲面；热风焊枪可以把 PVC 吹软，然后随意塑造，并且表面无比光滑。

4

第四章

基本制作
工艺与要领

○ **章节导读**

精致的建筑模型需要熟练的制作工艺。在模型制作上我们从材料的选择开始就要严谨考究，建筑模型相对于建筑来说，对细节的制作要求更加精细，因此对于制作者来说，需要极大的耐心和对模型图纸的熟练把握。模型是由建筑形体等比例缩小制作而成，因此无论选用何种材料，制作工艺都要精致、严谨。虽然操作技法与材料特性相关，但是模型的质量很大一部分取决于制作者的制作态度。在制作模型的过程中，对各部件的制作顺序并没有严格的要求，可以根据难易程度或是材料耗损程度决定制作的顺序（图 4-1）。

第一节
材料配置与选择

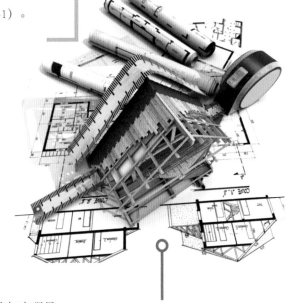

图 4-1 建筑模型概念图

在模型制作中，能选用的材料十分丰富，要根据制作环境与表现目的进行综合选配。

一、制作环境

不同地域的经济状况不同，建筑模型的制作工艺也不同。在没有切割机、数控机床的条件下，普通纸材、木材与塑料一般通过手工工具来加工，加工质量与制作的熟练程度有关，主要以软质材料为主。如果要提高支撑构件的强度，可以叠加多层材料或采用夹层构造来增加硬度。

例如，使用木板与 ABS 板制作墙体时，强度虽然很高，外形挺拔，但没有切割机便很难做进一步处理，甚至无法精确开设门窗洞口，这时可以选用 KT 板与厚纸板叠加，KT 板在内起到支撑固定的作用，1.2 mm 厚纸板贴在外部，起到平整装饰的作用，边缘转角也较容易修饰平整（图 4-2），也可以采用 PVC 发泡板制作，搭配 1.2 mm 厚纸板（图 4-3），这样都能回避因制作环境的局限而造成粗糙情况的发生。

在制作环境与经济实力允许的情况下，可以采用成品 PVC 板，经数控切割机一次裁切成型，即可组装成精致的商业展示建筑模型。

图 4- 2 KT 板 + 厚纸板模型

图 4-3 PVC 发泡板 + 厚纸板模型（程哲婷　制作）

二、表现目的

建筑模型的表现目的也不尽相同，要以创意构思与制作要求为依据，对材料的选择要有所区别。

概念性、研究性模型重在表现创意思想与空间关系，一般选用黑色、白色、灰色或某种单一色彩的材料（图 4-4），如白色 PVC 发泡板、单色 PS 板、单色厚纸板等，它们质地轻柔，便于加工，能快速变幻出多种造型组合。

图 4- 4 概念性模型

概念性模型主要用于研究空间与环境的关系，常用黑色、白色、灰色或是单色进行塑造。

商业展示模型重在表现丰富的肌理、色彩、灯光与配饰，一般选用色彩丰富的成品型材制作，如压纹 ABS 板、有机玻璃板、彩色印刷即时贴纸等，这些材料装饰效果好，价格略高，但能满足商业展示的需求（图4-5）。

一般而言，要追求华丽的表现效果，应该尽可能多地增加模型材料种类，以获得完美的视觉效果。不同材料之间要注意组装方式，避免因特性不同而产生矛盾。例如，彩色印刷即时贴纸附着在 KT 板或聚苯乙烯板上，容易出现气泡与凸凹痕迹，最好在中间增加一层厚纸板或 PVC 发泡板，平衡它们之间的内应力。

图 4- 5　商业展示模型

商业展示模型注重视觉效果的表现，多会采用色彩丰富的成品进行制作，并配置丰富的肌理、灯光等渲染效果，达到产生潜在利益的目的。

第二节
建筑模型的比例缩放

建筑模型一般都要经过不同程度的比例缩放，由表现规模、材料特性、细节程度 3 个方面来综合判定。

一、表现规模

表现规模即建筑模型的预期体量，模型规模大小受场地、资金、技术等多方面限制（图 4-6）。同等条件下投资金额越高，模型规模就越大。此外，精湛的技术能处理好建筑模型中的大跨度结构，使内空高或纵深长的形体结构不弯曲、不变形。

图 4-6　住宅小区模型

以住宅小区模型为例，实测规划面积为 500 000 m²，长 1000 m，宽 500 m，要在 200 m² 的展厅中做营销展示，模型展台面应大于或等于 8 m²，那么模型的比例就应该定为 1∶250。

二、材料特性

建筑模型的比例设定与材料特性密切相关，模型的体量大小直接影响材料选配。例如，在无支撑的模型结构中，1.2 mm 厚纸板能控制在 200 mm 内不变形，3 mm 厚 PVC 发泡板能控制在 300 mm 内不变形，5 mm 厚 KT 板能控制在 400 mm 内不变形，10 mm 厚实木板则能控制在 800 mm 内不变形。如果将以上材料相互叠加组合，强度会进一步增加，这样才能满足大体量建筑模型的制作要求。

同样，小体量建筑模型也对材料特性有所限定。例如，在形体较大的建筑模型中，单体建筑的长、宽、高一般为 30～80 mm，可以使用 PVC 发泡板（图 4-7）。

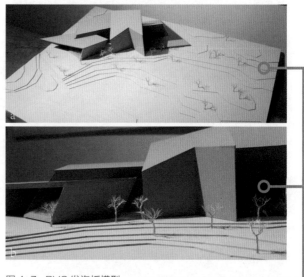

图 4-7　PVC 发泡板模型

PVC 发泡板是很好的材料，可以采用电热曲线切割机锯切成各种形体，满足不同的制作需求。

三、细节程度

建筑模型的细节造型也会影响自身的比例大小，规划模型中的单体建筑数量很多，一般会将比例设置得较高，单件建筑物的体量变小，无法深入细节，细节构造也会被简化。然而，独立的建筑模型要求着重表现细部构造，强化建筑设计方案的精致性，比例就要设置得较低。

例如，大型建筑构造中的条形结构多采用型钢制作，对于型钢的规格就要进行精确计算，根据1∶300的模型玻璃，可以选用边长1.5 mm的ABS方杆制作弧形型钢构造（图4-8）。现实生活中的木质窗户框架宽约100 mm，比较适合这一构件的模型材料是方形木质条杆，该模型的比例就可以设定为1∶20，选用边长5 mm的木质方杆（图4-9）。

对于需要用到杆状形体制作模型时，也要根据比例计算制作，且细节的深化程度直接影响建筑模型的比例缩放。

图4-8 ABS方杆构造

图4-9 木质方杆构造

在建筑模型制作中，比例缩放要做到统筹规划。整体形态设定准确后要规范内部细节；主体形态设定准确后要规范配饰场景；细部形态设定准确后要规范全局体量。

需要特别注意的是，在同一建筑模型中不能出现多种比例，尤其是建筑内视模型中的家具（图4-10），还有建筑景观模型中的人物、车辆、树木（图4-11）等成品配饰。

图4-10 建筑模型内景家具

101

图 4-11 建筑景观配饰

无论是建筑室内配饰还是建筑景观配饰，一定要进行精确测量和宏观把握，宁缺毋滥，决不能强行搭配而影响最终效果。直接购买的模型配饰要经过仔细测量和换算，得出准确的尺寸后才能用到模型中。

第三节
型材的定位与切割

建筑模型材料要由成品型材变为组装配件就必须经过定位切割，这是模型制作工艺中最重要的环节，模型的精密程度与最终的展示效果都由这项工序来决定。

一、定位

定位是指在型材上做位置设定，尤其要表现切割部位的形态与尺度比例，为其后的切割工序打好基础。

被选用的材料丰富多彩，形态各异，矩形、方形、梯形、自由曲线形等材料都有可能出现，在型材上标记切割部位须经过缜密思考，普通型材外观平滑、色彩单一、幅面宽大，比较容易做标记，从周边开始测量尺寸即可，但是要与型材边缘保持至少 10 mm 左右的间距，避免将磨损的边缘纳入使用范畴。矩形型材一般从长边的端头开始定位，不规则型材一般从曲线或折线边缘开始定位，保证最大化合理利用材料，做到先难后易，为后期用材提供方便（图 4-12）。

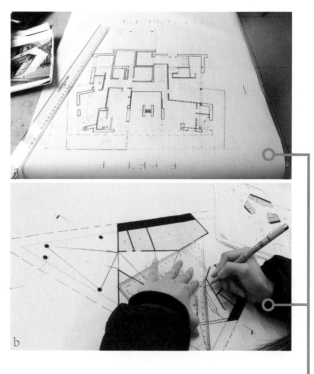

图 4-12 模型定位

标记形体轮廓时可以将 1∶1 绘制的模型设计图拓印在型材上，使用硬质笔尖或刀片锐角刺透图纸，在型材上标记轮廓转角点，再将图纸取下，用自动铅笔与三角尺为转角点连线。操作时应注意，自动铅笔落笔要轻，以制作者自己能识别为准。针对有机玻璃板、金属板等光滑表面的材料可以使用彩色纤维笔来描绘轮廓。

圆弧形轮廓要使用圆规来描绘，圆点支撑部位对型材的压力要小，避免产生凹陷圆孔。如果创意构思中的确需要表现任意自由曲线，可以将模型图纸以 1 ： 1 的比例裁剪下来贴在板材上，再做定位描绘（图 4-13）。

建筑模型的形体结构大多为直角方形或矩形，外部墙体围合时要考虑拼装的连续性。因此，定位时不宜将墙体转角分开，连为一体能减少后期切割工作量，转角结构也会显得更加严谨、方正(图 4-14)。

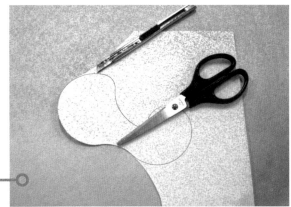

图 4- 13　圆弧形轮廓定位切割
自由曲线边缘最好能归纳为多段圆弧拼接后的形态，尽量采用规则形体的组合来表现不规则形体。

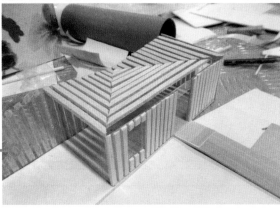

图 4-14　木条转角处理
木条转角可以采取斜切的方式，既美观又平整，且不会影响到尺寸。

二、切割

切割模型材料是一项费时费力的枯燥劳动，需要静心、细心、耐心。不同材料具有不同质地，切割时一定要分而治之。针对现有的建筑模型材料，切割方法可以分为手工裁切、手工锯切、机械切割、数控切割 4 种方式。

图 4- 15　手工裁切 PVC 板

1. 手工裁切

手工裁切是指使用裁纸刀、刀片等简易刀具对模型材料做切割，通常还会辅助三角尺、模板等定型工具，能切割各种纸材、塑料及薄木片，它是手工制作的主要形式。裁切时要合理选择刀具，针对单薄的纸张与透明胶片一般选用小裁纸刀，操作时能均匀掌握裁切力度；针对硬质纸板、PVC 发泡板、PS 板等则要选用大裁纸刀，保证切面平顺光滑（图 4-15、图 4-16）。

图 4- 16　手工裁切 PS 板
在进行手工切割时，除了注意安全之外，一定要将尺用力压住，防止切割时发生倾斜，对于较硬的板材，可以进行多次切割，以保证平整。

在裁切硬度较高的纸材或塑料时，一定要采用三角尺作为辅助工具，一只手固定尺面于桌面上，手指分散按压在三角形斜边与直角上，形成牢固的三角支点，另一只手持裁纸刀沿着三角尺斜边匀速裁切，刀柄要与台面呈45°（图4-17），力度要适中。非常单薄的纸张不宜对折后从侧边裁切，避免切缝不平整。此外，在裁切彩色印刷纸板时，应从印刷面裁切，这样能保证外观边缘整齐光洁。

在裁切质地轻柔的PS板、KT板时，最好选用大裁纸刀或宽厚的刀片，方便对宽厚的型材均衡施力。操作时仍然需要三角尺作为参照，正确固定后要将刀片倾斜于板面30°（图4-18），再做匀速移动，中途不宜停顿，以防止切面产生顿挫，裁切速度不能过快，否则刀具容易偏移方向。裁切这两种型材需要使用锋利的刀片，在整个模型的切割工序中，可以首先加工这两种型材。

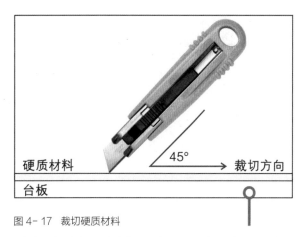

图4-17 裁切硬质材料

裁切较硬材质时，不宜追求一次成功，可做多次裁切，注意第一次裁切的位置要准确，形成划痕后才能为第二次的裁切提供正确的施力点。裁切后不能将型材强制撕开，否则容易造成破损。

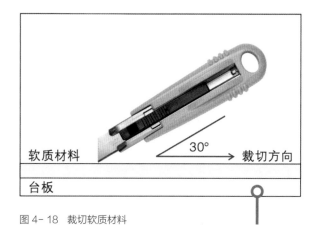

图4-18 裁切软质材料

裁切较软材质时，需一步到位，一次成型。为了保证型材的切面平顺自然，一次裁切长度应小于或等于400 mm，如果需要加工500 mm以上的PS板或KT板，可以两人协同操作，即一人用双手固定按压丁字尺，另一人持大裁纸刀做裁切。

在裁切质地较脆的薄木板时，可以从纹理细腻的装饰面裁切，用力裁切至板材厚度的50%时，即可用手轻松掰开（图4-19），最后使用240号砂纸打磨切面边缘。

无论裁切何种材料，刀具都要保持锋利的状态，落刀后施力要均衡，裁切速度要一致。针对一刀无法成功切割的坚韧材料，也不能过于心急，反复操作终会得到解决。手工裁切看似简单，但技法多样，需要长期训练。

图4-19 裁切脆质木板

除了薄木板以外，也可以通过这种方式对其他脆质薄板进行切割，但是需要注意的是，有一部分薄板属于纤维状，带有方向性，这种板材尽量使用器具切割，避免产生较大的毛边。

2. 手工锯切

手工锯切是指采用手工锯对质地厚实、坚韧的型材做加工，常用工具有木工锯与钢锯两种。木工锯的锯齿较大，适用于加工实木板、木芯板与纤维板等，锯切速度较快。钢锯的锯齿较小，适用于金属、塑料等质地紧密的型材。

锯切前要对被加工材料做精确定位放线，并预留出适当的锯切损耗，其中木材要预留 1.5 ～ 2 mm 的宽度，金属、塑料要预留 1 mm，单边锯切的长度应小于或等于 400 mm，避免型材产生开裂。锯切时要单手持锯（图 4-20），单手将被加工型材固定在台面上，针对厚度较大的实木板也可以用脚踩压固定（图 4-21），锯切幅度应小于或等于 250 mm，待熟练后可以适当提高频率。锯切型材至末端时速度要减慢，避免型材产生开裂。锯切后要对被加工型材的切面边缘做打磨处理，木质材料还可以进一步刨切加工。

手工锯切能解决粗大型材的下料、造型等工艺问题，但是不能做进一步塑造，针对弧形或曲线边缘还是要采用专用机械来加工，一切以模型的最终效果为准。

3. 机械切割

机械切割指采用电动机械对模型材料做加工，常用机械主要有普通多功能切割机与曲线切割机两种。

普通多功能切割机采用高速运动的锯轮或锯条做切割，能加工木质、塑料、金属等各种型材，切割面非常平滑，工作效率高。材料的推进速度不宜过快，切割机的锯轮或锯条要根据被加工型材随时更换，大型锯齿加工木材，中小型锯齿加工金属、塑料和纸材。普通多功能切割机一般只做直线切割，对加工长度没有限定（图 4-22）。

图 4- 22　机械切割不同板材

用机械切割出来的板材是精准且平整的，会提高工作效率，但对于硬质或金属材质的切割要做好防护工作，避免产生粉尘与火花误伤自己。

图 4- 20　单手持锯

单手持锯适合较短、较细的板材，方便快速，便于受力。

图 4- 21　脚踩固定

脚踩固定一般用于板材面积较大或是板材横截面较大的情况，便于双手用力，保持平衡。

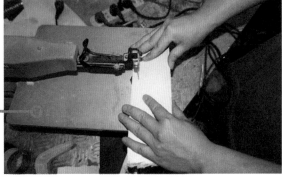

在建筑模型制作中，曲线切割机的运用会更多一些，它能对型材做任意形态的曲线切割，在一定程度上还可以取代锯轮机或锯条机。根据曲线切割机的工作原理又可以分为电热曲线切割机与机械曲线切割机两种。前者是利用电阻丝通电后升温的原理，能对 PS 块材、板材做切割处理。PS 型材遇热后会快速熔解，这种切割形式非常实用，在条件允许的情况下，也可以自己动手制作一台电热曲线切割机（图 4-23）。

图 4- 23 机械曲线切割

利用纤细的钢锯条上下平移运动对型材实施切割。操作前要在型材表面绘制切割轮廓，操作中要注意移动速度，转角形态较大的部位要减慢速度，保证切面均衡受力。

补充要点

电热切割机制作方法

在建筑模型制作过程中，电热切割机的使用比较频繁，一般购买成品设备，也可以自己动手制作，制作方法与材料选用都比较简单。

（1）准备材料。

工作台一个，木制板材一张。25～50 W 降压变压器一个，次级抽头电压为 3V、6V、12V。长度为 500～1500 mm 的不锈钢电阻丝一段，$\phi0.3～\phi0.6mm$ 弹簧一根。开关、连接线、铁钉、木垫块等辅助材料。

（2）组合连接。

首先，将电阻丝的一端固定在台板上，另一端拴在弹簧上，弹簧适当拉开并固定在工作台上。然后，将电阻丝两端通过连接线接到变压器次级的抽头上。电阻丝近两端处要用垫块垫高至所需高度。最后，将变压器初级通过开关连接交流电源。它的工作原理是对电阻丝通电，电阻丝即发热，可熔化聚苯乙烯板（PS 板），最终使板材分离。

（3）通电调整。

根据切割宽度不同可以调整电阻丝的长度；根据切割宽度与速度不同可以调整电阻丝直径与弹簧拉力；根据切割厚度不同可以调整电阻丝高度；根据电阻丝直径与长度不同可以调整次级电压。

4. 数控切割

数控切割是指采用数控机床对模型材料进行加工，又称为CAM。常用数控机床主要有数控机械切割机（图4-24）与数控激光切割机（图4-25）两种。

操作前要采用专业绘图软件，在计算机上绘制出切割线形图，图形尺度需精确，位置需端正。其后将图形文件传输给数控机床，并选配适当的刀具，由机床设备自动完成切割工作。在切割过程中无须人工做任何辅助操作，使用起来安全可靠，效率很高。此外，激光切割机还能对有机玻璃型材进行镂空雕刻，唯美、逼真的加工效果令人叹赏。

常规CAM软件种类繁多，每种普通数控切割机都会指定专用的控制软件，但是每种软件都有自身的特点，最好能交叉使用。首先，在界面提供的绘图区绘制出设计图形，也可以采用AutoCAD绘制后存储为DXF格式在指定的CAM软件中打开，将全部线条优化后做选择状。然后，设定切割类型并选择刀具名称，将一系列参数设定完成后储存为待切割文件，并将文件发送给数控机床。最后，将被加工型材安装到机床上，接到指令的数控切割机就会自动工作，直到加工完毕。

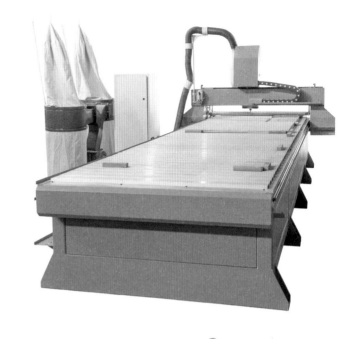

图4-24 数控机械切割机

CAM软件的操作比较简单，操作原理与AutoCAD输出打印图纸类似，关键在于图形的优化，所有线条都要连接在一起，不能断开，否则内部细节形态就无法完整切割。

图4-25 数控激光切割

第四节
深入加工

开槽钻孔是继定位切割工序后又一高端加工工艺，它能辅助切割工艺对建筑模型材料做深入加工，满足不同程度的制作需求。

一、开槽

开槽是指在模型材料的外表开设凹槽，它能辅助模型安装或起到装饰效果。槽口的开设形式一般有 V 形、方形、半圆形、不规则形 4 种。在厚纸板、PVC 板、PS 板、KT 板等轻质型材上开设 V 形槽或方形槽比较容易（图 4-26）。

在其他硬质材料上开槽也可以采用切割机辅助（图 4-27），或采用专用刀具与槽切机床，如果条件允许也可以购买成品装饰槽板直接使用。

图 4-26　手工在 KT 板开 V 形槽

在 KT 板上开设 V 形槽，首先需要在型材表面绘制开槽轮廓，一条凹槽要画两条平行线，彼此之间的距离应小于或等于 5 mm。然后，将裁纸刀先向内侧倾斜，沿内侧线条匀速划切。接着，向外侧倾斜做匀速划切，两次落刀的深度尽量保持一致，最好不要交错，避免将 KT 板划穿。最后，在不足部分可以补上一刀，最终所形成的 V 形槽可以用来折叠成转角造型。

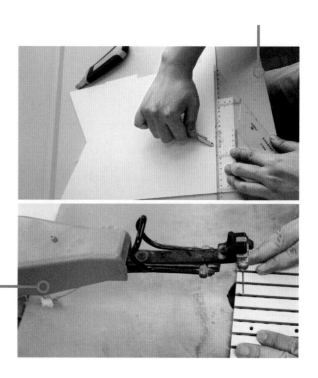

图 4- 27　机械切割机为纤维板开 U 形槽

利用切割机进行硬质材料切割时，不要急躁，确定好尺寸后缓慢推进，切割时要注意避免碎屑进入眼睛。

补充要点

建筑模型设计制作员

建筑模型设计制作员是指能根据建筑设计图与比例要求，选用合适的模型制作材料，运用模型设计制作技能，设计制作出能体现原创思想的各种建筑模型的专业制作人员。建筑模型设计制作员的主要工作为读懂建筑图，理解建筑师设计思想及设计意图，正确选用及加工模型材料，计算模型缩放比例，制定工艺流程，制作模型。

我国目前建筑模型从业人员达 120 万人，其中从事实物建筑模型的专业制作人员占 20% 以上，即达 24 万人以上。其中，70% 的制作员就业于模型制作公司；15% 的制作员就职于各类展台布置装修公司；10% 的制作员开设独立的建筑模型设计制作工作室；其余 5% 的人员分布在各大设计院、设计公司、设计师事务所。建筑模型设计制作员在国外的职业状况与我国相近，从业人员比我国少很多，但是制作水平更专业化。随着我国城市规划业、建筑设计业、房地产业的高速发展，建筑设计师、城市规划师、房产商、展览商越来越青睐建筑模型形象、直观的特点，势必促进建筑模型制作业进一步发展。而投资少、入行易的特点也将吸引更多人加入建筑模型设计制作员这一行列中来，职业前景十分好。

二、钻孔

钻孔是根据设计制作的需要，在模型材料上开设孔洞的加工工艺。孔洞的形态主要有圆形、方形与多边形3种，钻出的孔洞可用于穿插杆件、电路照明（图4-28）或构造连接，也可以用作外部门窗装饰。

圆孔与方孔的开设频率很高，几乎所有建筑模型都需要开设。孔洞按规格又分为微、小、中、大4类。直径或边长为1～2 mm的称微孔，3～5 mm的称小孔，6～20 mm的称中孔，21 mm以上的称大孔。微孔的开设比较简单，直接使用尖锐的针锥对型材进行钻凿，1～2 mm的孔洞可以直接凿穿，以满足其他形体构造能顺利通过或固定。3～5 mm的小孔则先锥扎周边，后打通中央，完成后须采用磨砂棒打磨孔洞内径。6～20 mm的中孔开启比较灵活，可以借用日常生活用品来辅助，如金属钢笔帽、瓶盖、不锈钢管、打孔钳（图4-29）等，锐利的金属模具都能直接用于型材加工，如果规格不符，可以做多次拼接加工。大于或等于21mm的大孔开设比较容易，首先，使用尖锐的工具将孔洞中央刺穿。然后，向周边缓缓扩展，用小剪刀将边缘修剪整齐。最后，采用磨砂棒或240号砂纸将孔洞内壁打磨平整（图4-30）。

使用钻孔机能大幅度提高工作效率，但是不能完全依赖于它，机械钻孔一般仅适用于硬质型材（图4-31），不适合质地柔软、单薄的透明胶片或彩色即时贴。

图4-28 电路照明打孔

电路的打孔是为了连接电线时更加方便，且打孔还可以方便固定电线，不必增加额外的固定零件。

图4-29 打孔钳

打孔钳是模型制作中经常应用的一种工具，有很多规格的孔状，满足各种打孔需要。

图4-30 磨砂棒打磨

磨砂棒打磨常用于手工切割的板材，目的是为了平整边缘，也可在光滑平面打磨增加毛边，便于粘接。

图4-31 机械钻孔

机械钻孔适用于较硬的材质，柔软、单薄的型材使用钻孔机反而容易产生皱褶或破损，可以尝试使用装订用打孔机来加工，但是孔径尺度比较局限。

第五节
模型的拼装与组合

建筑模型材料下料完毕，可以根据设计图纸进行构造连接。建筑模型的连接方式有很多，常用的有粘接、钉接、插接、复合连接4种。

一、粘接

粘接是建筑模型制作中最常用的连接方式，要根据材料特性选用适当的粘胶剂对形体构造进行连接。一般采用透明强力胶对纸材、塑料做粘接（图4-32、图4-33）；采用白乳胶对木材做粘接；采用硅酮玻璃胶对玻璃或有机玻璃材料做粘接；采用502胶水对金属、皮革、油漆等材料做粘接；采用软陶对各种材料粘接后还能进一步塑造形体。

粘接前要对粘接区域做必要的清理，避免粘接表面存留油污、胶水、灰尘、粉末等污渍。针对宽厚的表面可以使用打磨机处理（图4-34）。白乳胶要等待2分钟后再粘接，502胶水则速度很快，俗称三秒粘接，无论使用何种粘胶剂，每次涂抹量要以完全覆盖被粘接面为宜，过多过少都会影响粘接效果，粘接后要保持定型3～5分钟，待粘接面完全干燥后方可做进一步加工。透明胶、双面胶、即时贴纸胶等不干胶的粘接性能不佳（图4-35），在建筑模型材料中没有针对性，一般只作纸材粘接的辅助材料，并且只能用于内部夹层中，不宜作为主要粘胶剂使用。

图 4-32 透明强力胶水

图 4-32 透明强力胶水

UHU 透明强力胶水，是我们最常用到和最先接触的建筑模型粘接胶水，具有速度快、黏性强的优点。

图 4-34 打磨机打磨

打磨的处理，除了去掉表面污渍外，还能增加摩擦面积，在粘接时将粘胶剂均匀地涂抹在被粘接面上，能迅速按压胶黏面使其平整结合。

图 4-35 纸质模型

502 胶水可用于纸质模型，能够帮助快速定型，但是粘接前一定要对构造连接形式做充分考虑，务必一次成型，不能在粘连过程中使其分开。

二、钉接

钉接是采用钉子或其他尖锐杆件对模型材料做穿透连接，这是一种破坏型材内部质地的连接方式，一般只适用于实木、PS块/板、厚纸板等质地均匀的型材，下面介绍几种常用的钉接工艺。

1. 圆钉钉接

圆钉又称为木钉，主要用于木质材料之间的钉接（图4-36）钉接前要对被加工木材做精确切割并将边缘打磨平整，落钉点要做好标记，直线方向间隔30～50 mm钉接一枚圆钉，每两枚圆钉之间的间距要相等，圆钉的钉接部位要距离型材边缘至少5 mm，防止产生开裂。钉接时单手持铁锤，单手扶稳圆钉与型材表面呈90°缓慢钉入。普通木质型材表面的钉头裸露部位要涂刷透明清漆，防止生锈。

圆钉的固定效果很牢靠，但是钉接产生的振动会在一定程度上破坏已完成的构件。因此，在加工时要安排好先后次序，减少不必要的破坏。

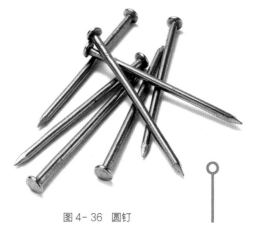

图4-36 圆钉
建筑模型的构造精致，一般选用长10～20 mm的圆钉做加工。

2. 枪钉钉接

枪钉又称为气排钉，是利用射钉枪与高压气流将钉子射出，对木材产生钉接作用（图4-37）。在建筑模型制作中，一般选用长度为10～15 mm的枪钉，落钉点间距为30～50mm，钉接部位距离型材的边缘应大于或等于3mm。钉入型材后钉头会凹陷下去，可以涂抹少量胶水封平，同时也能起到防锈作用。

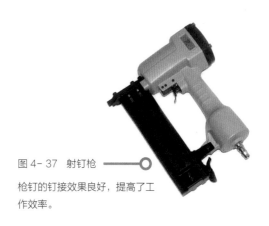

图4-37 射钉枪
枪钉的钉接效果良好，提高了工作效率。

3. 螺钉钉接

螺钉的钉接方式最稳定，一般除了木材以外，高密度塑料与金属都可以采用（图4-38）。钉接时，先用铁锤将螺钉钉入30%。再用螺丝刀拧紧。针对塑料与金属材料，则要先在型材上钻孔，孔径与选用的螺钉要相匹配，当螺钉穿过后再用螺帽在背部固定，每两枚螺钉的间距为50～80 mm。螺钉钉接的优势在于可以随意拆装，适合研究性及概念性建筑模型。

图4-38 螺钉
在建筑模型制作中，一般选用长10～15 mm的合金螺钉，针对木材可以使用尖头螺钉。

4. 订书机钉接

订书机常用来钉接纸张，在建筑模型制作中，订书机也可以用来钉接各种卡纸、纸板，只是落钉后会在型材表面形成凸凹痕迹，不便再做装饰。因此，订书机的钉接方式只适用于模型内部，它强有力的固定效果大大超过粘胶剂。钉接时，以两枚钉为1组，彼此间保持 10 mm 的平行间距，钉接组之间的间距应小于或等于 80 mm，它能在一定程度上取代粘胶剂。

除了上述工具以外，在模型制作中还可以根据材料特性采用图钉、大头针等尖锐辅材做连接，均能达到满意的效果。

三、插接

插接是利用材料自身的结构特点相互穿插组合而成的连接形式（图 4-39、图 4-40）。

此外，还可以通过其他辅助材料做插接结构，如竹质牙签、木棒、ABS 杆（管）、小木杆等。首先，在原有型材上根据需要钻孔，然后，将辅材穿插进去，最后，要对插接部位涂抹粘胶剂做强化固定。插接工艺适用于构造性很强的概念模型，插接形式要做到横平竖直，任何倾斜都会影响最终的表现效果。

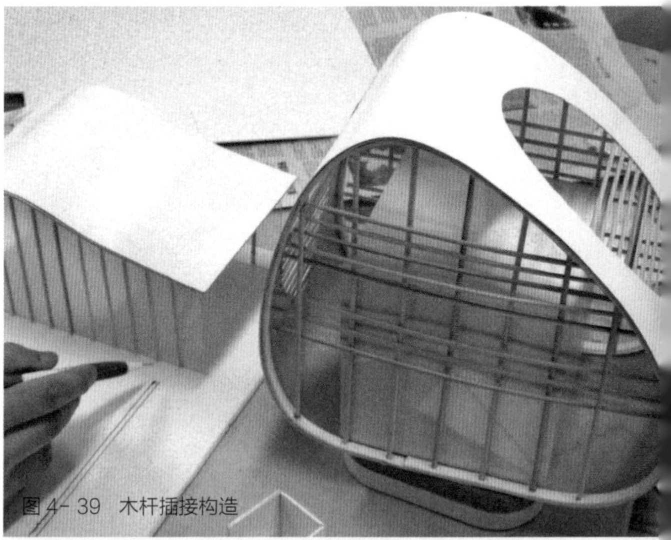

图 4-39　木杆插接构造

图 4-40　ABS 杆插接构造

插接构造的建筑模型需要预先设计，在型材上切割出插口，由于插口产生后会影响建筑模型的外观效果，因此，插接形式一般只适用于概念模型。

四、复合连接

复合连接即同时采取两种或两种以上的连接方法对建筑模型构造进行拼装固定。在某些条件下，当一种方法不能完全固定时可以辅助其他方法来加固。例如，使用透明强力胶粘接厚纸板时，容易造成纸面粘连而纸芯分离，出现纸板开裂、变形等不良后果。这时为了强化连接效应，可以在关键部位增加订书机钉接，使厚纸板之间形成由内到外的实质性连接（图4-41）。

复合连接会增加模型制作工序，如果原有连接工艺完善可靠，则大可不必画蛇添足。现代商业展示模型多会采用复合连接方式来固定各种配饰，如行人、车辆、树木等（图4-42）。

图 4- 42　复合连接的商业展示模型
商业展示模型由于展示时间长，因此对固定的要求比较高，且在商业模型中，要处理好粘胶剂的使用以及连接处的细节修整。

图 4- 41　带有复合连接的模型
木质型材之间一般采用射钉枪钉接，但是接缝处容易产生空隙，在钉接之前可以在连接处涂抹白乳胶，使钉接与胶接双管齐下，加强连接力度。

第六节
美化模型与场景

配景装饰是指建筑模型中除模型主体以外的其他构件，它们对主体模型起配饰作用，能丰富场景效果，提高模型的观赏价值。配景装饰一般包括底盘、地形道路、绿化植物、水景、构件5个方面。

一、底盘

底盘是建筑模型的重要组成部分，它对主体模型起支撑作用。平整、稳固、宽大是模型底盘制作的基本原则。在具体制作中还要考虑建筑模型的整体风格、制作成本等因素。

1. 聚苯乙烯板底盘

聚苯乙烯板也被称为PS板，其质地轻盈，厚度有多种规格，可以根据不同体量的建筑模型做适当选择。底盘边长小于400 mm可以选用厚15 mm以下的PS板或两层厚5 mm的KT板叠加；底盘边长400～600 mm可以选用厚20 mm的PS板或3层厚5 mm的KT板叠加；底盘边长600～900 mm可以选用厚25 mm的PS板，表面覆盖厚1 mm的纸板或厚1.5 mm的PVC发泡板；底盘边长大于900 mm可以选用厚30 mm以上的PS板，表面覆盖厚1.2 mm的纸板或厚2 mm的PVC发泡板（图4-43）。然而，成品 PS 板与 KT 板的切面难以打磨平整，需要应用厚纸板、瓦楞纸或其他装饰型材做封边处理，保持外观光洁。

2. 木质底盘

木质底盘质地浑厚，一般选用厚 15 mm 的实木板、木芯板或中密度纤维板制作，边长可以达到 900 mm，但是边长大于 1200 mm 的模型底盘须采用分块拼接的方式加工，即由多块边长 1200 mm 以下的木质板材拼接而成，避免板材发生变形。如果木质底盘有厚度要求，也可以先用 30 mm×40 mm 木龙骨制作边框，中央纵、横向龙骨间距为 300 ~ 400 mm，最后在上表面覆盖一层厚 15 mm 的实木板（图 4-44）。

图 4-43 以泡沫板粘贴 KT 板为底板的规划模型

PVC 发泡板与 KT 板作为建筑模型的底板，具有质地轻、韧性好、不变形等优点，是普通纸材模型、塑料模型的最佳底盘材料。如果在建筑模型中需要增加电路设施，电线也能轻松穿插至板材中间并向任意方向延伸。

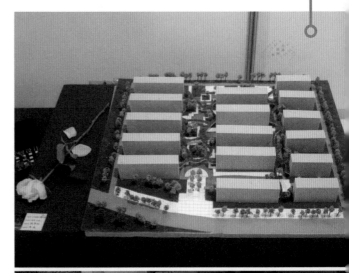

图 4- 44　木质底盘的建筑模型

木质底盘表面平整，不易变形，且对粘胶剂的耐受性较强，且木色本身的颜色可以应用到建筑模型之中。

木质底盘一般会保留原始木纹，或在表面钉接薄木装饰板，装饰风格要与建筑模型主体相映衬，板材边缘仍须钉接或粘贴饰边，避免底盘边角产生开裂。厚重的实木底盘适用于实木、金属材料制作的建筑模型或石膏、泥灰材料制作的地形模型。如果只是承托厚纸板、PVC 发泡板、KT 板等轻质材料制作的建筑模型，也可以选用木质绘图板（画板）。绘图板质地平整，内部为空心构造，外表覆盖薄木板，质重较轻，方便搬移，是轻质概念模型的最佳选择。此外，用于底盘制作的材料还有天然石材、玻璃、石膏等，均能起到很好的装饰效果。

无论采用哪种材料，建筑模型的底盘装饰效果都取决于边框，边框装饰是模型底盘档次的体现。在经济条件允许的情况下，可以选用不锈钢方管、铝合金边条、人造石边框，甚至定制装饰性很强的画框，运用这些材料会让商业展示模型锦上添花。

二、地形道路

地形道路具有规则感与方向感，在建筑模型中能间接表达建筑方位，富有力量的线条与建筑主体形成鲜明的对比，是城市建筑模型不可缺少的配景。

1. 等高线地形

等高线地形是用等高线表示地面高低起伏的建筑模型，在模型制作中，根据等高线的弯曲形态可以判读出地表形态的一般状况。制作等高线地形要选择适当的材料，它的厚度可以按比例表示想要得到的坡度阶梯。常用材料有 PVC 发泡板与 KT 板（图

4-45），木质模型可以搭配使用薄木板或箱纸板，这些板材厚度一般为 3～5 mm。首先，将图纸拓印在板材上并逐块切割下来，先切割位于底部的大板，后切割上层的小板，然后，将所有层板暂时堆叠起来，堆叠时应该标上结合线与堆叠序号，防止发生错乱。裁切程度是直到它们非常小足以使用部分薄板代表山顶或其他小地域时方可。最后，在每层等高线薄板上，给坡度加上标签，辅助计算海拔高度。木质等高线地形也可以进一步加工成实体地形，即在叠加的木板上涂抹石膏或黏土（图 4-46）。

图 4-45　KT 板等高线地形模型

KT 板或其他薄板材很适合用来制作较为规范的地形概念的模型，能帮助设计者直观地展现地形结构变化。

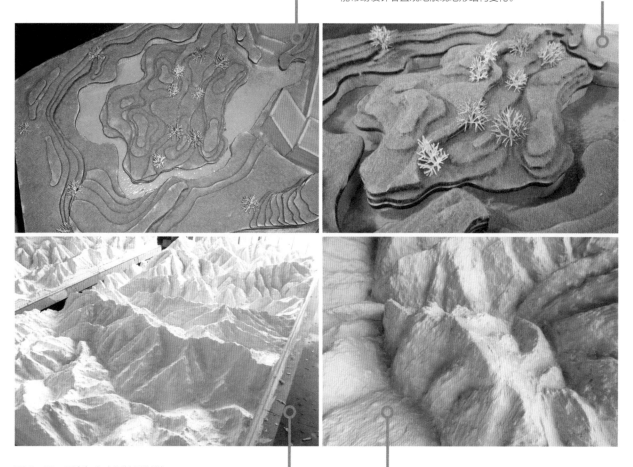

图 4-46　石膏与白水泥地形制作

石膏与白水泥的使用能够使地形表面显得更柔和、更真实。

2. 道路

规划类建筑模型的道路主要是由建筑物路网与绿化构成（图4-47）。路网的表现要求既简单又明了，一般选用灰色。对于主路、辅路、人行道的区分，要统一地放在灰色调中考虑，用色彩的明度变化来划分道路的类别。

在选用厚纸板做底盘时，可以利用自身色彩表示人行道，用浅灰色即时贴表示机动车道路，白色即时贴表示人行横道与道路标示，辅路色彩一般随主路色彩变化而变化。主路、辅路、人行道的高度差，在规划模型中可以忽略不计。局部区域还要压贴绿地，注意接缝要严密。制作道路时一般先不考虑路的转弯半径，而是以直线形式铺设为主，转弯处暂时处理成直角。待全部粘贴完毕后，再按图纸的具体要求做弯道处理（图4-48）。

选用ABS板制作底盘贴面时应注意方法。首先，用复写纸将图纸描绘在模型底盘上。然后，将主路、辅路与人行道依次用即时贴或透明胶带遮挡粘贴。最后，用不同种类的灰色喷漆喷涂。使用这种方法特别要注意遮挡喷漆的纸张密封要严密，不要让喷漆破坏已完成的饰面。

图4-47 规划类建筑模型

图4-48 弯道的处理

道路的规划与装饰一般都在最后再处理，以主体建筑的基本完成为前提。

补充要点

建筑模型保养方法

模型的灯光不要长时间开启，需每隔两个小时关一次。如有真水喷泉的模型要常常检查是否有水，假如水量不足就要及时加水，一旦发现喷泉不喷水了，应立刻关闭电源开关，以免导致模型的损坏。放置模型的场所，要时刻保持清洁和良好的通风，在没有玻璃罩的情况下要常常清扫，更不能在阳光下暴晒。对放置模型的室内温度有一定要求，一般不得超过35℃，且湿度相对保持在30%～80%，否则模型容易脱胶变形。

三、绿化植物

绿化植物是外观建筑模型不可缺少的配景，它具有体量小、数目多、占地面积大、形体各异等特点。在此，介绍几种常见的制作方法。

1. 绿地

绿地在整个盘面所占的比重相当大。在选择绿地颜色时，要注意选择深绿、土绿或橄榄绿较为适宜。深色调显得比较稳重，而且还可以加强与建筑主体、绿化细部间的对比。但是，也不排除为了追求形式美而选用浅色调的绿地。

在选用仿真草皮或纸张制作绿地时，要注意正确选择粘胶剂。如果是在木材或纸材底盘上粘贴，可以选用白乳胶或自动喷胶；如果是在有机玻璃板底盘上粘贴，可以选用自动喷胶或双面胶。使用白乳胶粘贴时，一定要注意将胶液稀释后再用。在选用自动喷胶粘贴时，一定要选用高黏度喷胶。

在选择大面积浅色调绿地时，应该充分考虑其与建筑主体的关系，同时还要通过其他绿化配景来调整色彩的稳定性，否则会使整体色彩产生漂浮感。在选择绿地色彩时，还可以视建筑主体色彩，采用邻近色的手法来处理（图 4-49）。

此外，现在还比较流行使用自动喷漆来表现大面积绿地。自喷漆的操作简便，只要选择合适的色彩即可，喷涂时要根据绿地的具体形状，用报纸遮挡不喷漆的部分，报纸的边缘密封要严实，避免破坏其他饰面。

图 4-49　草地处理方法

建筑主体是黄色调，选用黄褐色来处理大面积绿地。采用这种手法处理，能使主体建筑与周边环境更加协调。

2. 树木

树木是绿化的一个重要组成部分。大自然中的树木形态各异。要将各种树木浓缩到建筑模型中，需要模型制作者具有高度的概括力及表现力（图4-50）。

制作树木的泡沫塑料，一般分为两种。一种是常见的细孔泡沫塑料，俗称海绵。这种泡沫塑料密度较大，孔隙较小，制作树木局限性较大。另一种是大孔泡沫塑料，其密度较小，孔隙较大，它是制作树木的较好材料。

树木抽象的表现方法是指通过高度概括与比例变化而形成的一种表现形式。在制作小比例树木时，通常将树木的形状概括为球状与锥状，从而区分阔叶树与针叶树。在制作阔叶球状树时常选用大孔泡沫塑料，大孔泡沫塑料孔隙大，膨松感强，表现效果优于细孔泡沫塑料。首先，将泡沫塑料按树冠直径剪成若干个小方块。然后，修整棱角，使其成为球状体。最后，通过着色就形成一棵棵树木。有时为了强调树的高度感，还可以在球状体上加上树干。

利用纸板制作树木是比较流行且较为抽象的表现方法。首先，选择纸板的色彩与厚度，最好选用带有肌理装饰效果的纸张。然后，按照尺度与形状进行裁剪，这种树一般是由1～2片纸裁剪后折叠而成。为了使树体大小基本一致，当形体确定后再进行批量制作，这样能保证树木的形体与大小整齐划一。

树木的具象表现方法是指树木随着模型比例而变化，或随着建筑主体深度而变化的一种表现形式。在制作阔叶树时，一般要将树干、枝、叶等部分表现出来。首先，制作树干部分，将多股电线的外皮剥掉，将内部铜线拧紧，并按照树木的高度截成若干节，再将上部枝杈部分劈开，树干就完成了。然后，将所有树木部分进行统一着色，树冠部分一般选用细孔泡沫塑料或棉絮，在制作时先进行着色处理，着色材料一般采用水粉颜料，着色时可将泡沫塑料或棉絮染成深浅不一的色块。接着，在事先做好的树干上部涂上粘胶剂，将涂有粘胶剂的树干部分粘接泡沫塑料或棉絮，放置一旁使其干燥。最后，待胶液完全干燥后，可将上面沾有的多余粉末吹掉，并用剪子修整树形即可完成。

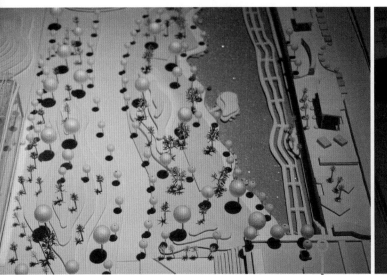

图4-50 概念树

概念树一般用于研究性模型，尽量概念化，树木的造型不要喧宾夺主。

如果条件允许，可以购置成品树杆，在树干上喷涂粘胶剂，蘸上绿色（或其他颜色）海绵粉待干（图4-51、图4-52）。安装时用锥子在底盘上凿孔，将树木底端蘸上强力透明胶粘接即可，使用成品树杆能够起到良好的装饰效果，只是价格略高。

图4- 51　成品树杆　　　　图4- 52　绿色与橙色海绵粉

使用成品树杆制作出来的树仿真精美，多适用于商业展示模型中，对于研究性模型则不适宜，且在树粉的颜色选择上，一定要根据模型的整体基调来确定。

3. 花坛

花坛也是环境绿化中的组成部分。虽然面积不大，但处理得当，也能起到画龙点睛的作用。制作树池与花坛的材料一般为绿地粉或大孔泡沫塑料。

选用绿地粉时，首先，将树池或花坛底部用白乳液或粘胶剂涂抹。然后，均匀撒上绿地粉并用手轻轻按压，待干后，将多余部分清除。这样就完成了树池与花坛的制作。注意选用绿地粉色彩时，应以绿色为主，加少量的红色、黄色粉末，使色彩感觉更贴近实际效果。

选用大孔泡沫塑料制作花坛时，首先，应将染好的泡沫塑料块撕碎。然后，涂上粘胶剂进行堆积，即可形成树池或花坛。在色彩表现时，一般有两种表现形式：一是由多种色彩无规律地堆积而成；二是自然晕染的表现形式，即产生由黄色到绿色或由黄色到红色等过渡效果。另外，处理外边界线的方法也很独特，采用小石子或米粒堆积粘贴，外部边缘界线应处理成参差不齐的效果，会显得更自然、更别致（图4-53）。

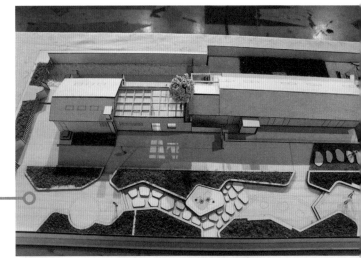

图4- 53　庭院花坛景观

庭院花坛景观要围绕建筑的主体进行设计，花坛草粉的绿色可以选择不同深浅，让层次变化更加丰富，更具观赏性；边缘线要刻意虚化，让花坛景观更富活力。

四、水景

水面是各类建筑模型中，特别是景观模型中经
常出现的配景之一。水面的表现方法应该随建筑模
型的比例、风格变化而变化。在制作比例较小的水
面时，水面与路面的高差可以忽略不计，直接用蓝
色卡纸按形状剪裁后粘贴即可。另外，还可以使用
蓝色压花有机玻璃板替代（图4-54）。

制作比例较大的水面时，首先，要考虑如何将
水面与路面的高差表现出来。通常将底盘上水面部
分做镂空处理。然后，将透明有机玻璃板或带有纹
理的透明塑料板按设计高差贴在镂空处。接着，用
蓝色自动喷漆在透明板下面喷上色彩即可，或在透
明塑料板下面压上蓝色皮纹纸。用这种方法表现水
面可以区分水面与路面的高差，透明板在阳光照射
与底层蓝色材料的反衬下，效果比较真实。

图4-54 蓝色压花有机玻璃板制成的水面

压花有机玻璃板质脆、易断，在使用时要特别小心，它具有透光
但不透形的特点，可将地板做成中空状，在内部引入灯光，再加
上压花玻璃板本身的花纹，能够营造出波光粼粼的水面效果。

如果大型建筑模型长期放在高档商业展示场所，可以考虑定制玻璃水缸，注入深度小于 150 mm 的自来水，并在建筑模型的底部增加立柱构造支撑，立柱构造可以选用有机玻璃板（管）制作。缸底可以撒上碎石等装饰品，甚至可以考虑安装潜水泵，放养小型观赏鱼。真实水景模型具有很强的观赏展示效果，应定期给水缸换水保持清洁。此外，模型的底盘应具有一定强度使其保持平整，轻质模型底盘可以直接选用厚 25 ～ 40 mm 的 PS 板，整个模型就能浮在水面上（图 4-55）。

图 4- 55　真水沙盘

真水沙盘的制作要把握两点。一是要具备水循环系统，二是要有流水灯光控制系统。在完成动态水的基本制作后，可以进行相应的处理，让水体的效果更加真实。例如在水体面材上用白蜡制作排浪和浪花；在水面上安置岛屿、假山、石块、亭榭、桥梁、船只等。为丰富水体颜色，在喷涂水面板材时，可以在水体中部喷涂较深的颜色，而周围喷涂较浅的颜色，注意过渡均匀。另外，还可以在岛屿、假山等的下方制作倒影，方式是喷涂几种较深的杂色。使用银铜色喷漆喷涂波纹有机玻璃板，喷涂要轻薄，使水面有波纹和反光的效果。

水循环系统与流水灯光控制系统

（1）水循环系统。

沙盘模型的水循环系统主要包括：潜水泵、储水池、上下水管、模型防水通道、水池或河道（水区域的容器）等，形成真水循环系统。

先做好水池或河道（水区域的容器）的防水工作，可选用防水胶对水池或河道做防水处理，在水池或河道的适当位置安装下水管，下水管可高出底部1 cm，以保证水区域内始终有水。同时要注意下水管的安装要隐蔽，一般可以隐藏在假山内或是水池下。上水管为了避免水压过大造成的喷射水流过远，可在出水口安装挡片，使水流舒缓自然。可在出水口和水面之间增加山石，制作瀑布、泉涌、叠水等效果。或是直接在出水口连接不同粗细的医用针头，模仿各种喷泉出水的效果。

（2）流水灯光控制系统。

这种方法的实质是通过灯光的控制营造水流的效果。第一种是简易的彩灯控制器，通过两个电子开关交替导通达到近似水流的效果，用电位器来实现频闪速度，使流水产生交替闪光的效果。第二种是选用可编程控制器，通过单片机控制，可以预先刻录好控制芯片，按设计需要控制闪光，实现多点控制，这是目前水体灯光控制器最为人性化的形式，可以营造潺潺流水美轮美奂的效果。

五、构件

配景中的构件主要是指预制成品件，即能直接购买应用的装饰配件，主要包括路牌、围栏、小品、家具、人物、车辆等。随着商品经济的发展，建筑模型制作已经形成了成熟的产业链，各种配景构件都能买到相应比例的成品，如果构件的用量大而预算资金少，仍然需要按部就班地制作。

1. 路牌

路牌是一种示意性标志物，由路牌架与示意图形组成。在制作这类配景时要根据比例与造型将路牌架制作好。一般以PVC杆、小木杆做支撑，以厚纸板做示意牌，示意牌上的图形预先通过计算机软件绘制，打印后粘贴到厚纸板上（图4-56）。

路牌架的色彩一般选用灰色，可以使用自动喷漆涂装。绘制示意图时，一定要用规范的图形，具体形式可以参考相关国家标准，比例一定要准确。

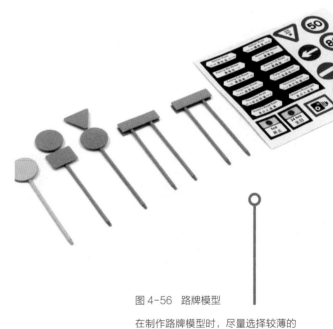

图4-56 路牌模型

在制作路牌模型时，尽量选择较薄的材质与较细的杆材，材料的颜色尽量符合实际。

2. 围栏

围栏的造型多种多样。由于受比例尺与手工制作等因素的制约，很难将其准确地表现出来，可以概括处理。

制作小比例围栏时，最简单的方法是，首先，将计算机绘制的围栏图形打印出来，必要时也可以手绘，然后，将图像按比例用复印机复印到透明胶片上，按轮廓裁下粘贴即可。

此外，还可以将围栏图形用圆规针尖在厚 1 mm 的透明有机玻璃板上做划痕，然后用选定的水粉色颜料涂染，并擦去多余颜料，即可制作成围栏。这种围栏具有凹凸感，且不受颜色制约。

大比例围栏可以采用 ABS 杆或小木杆制作，制作时要注意纵、横向的平整，体量要端庄，最后根据需要喷涂色彩即可。此外，也可以制作扶手、铁路等各种模型配景。如果对仿真程度要求很高，最好购买成品件（图 4-57）。

图 4- 57　围栏模型

围栏尽量选择使用成品件，自己制作的模型在细节与比例上会产生较大的偏差，影响整体效果。

补充要点

建筑模型中汽车的制作方法

虽然建筑模型中汽车大多为成品模型，但是也可以根据需要制作，以下介绍两种简单的方法。

（1）翻模制作法。

可以将需要制作的汽车，按比例与车型各制作出一个标准样品。然后用硅胶或铅将样品翻制出模具，再用石膏或石蜡进行大批量灌制。待灌制、脱模后，统一喷漆，即可使用。

（2）手工制作法。

如果需要制作小比例的模型车辆，可以用彩色橡皮，按形状直接进行切割。如果需要制作大比例模型车辆，最好选用有机玻璃板或 ABS 板进行制作。先要对车体表面做概括。以轿车为例，可以将其概括为车身、车篷两大部分。汽车在微缩后，车身基本是长方形，车篷则是梯形。然后根据制作的比例用有机玻璃板或 ABS 板加工成条状构件，并用强力透明胶粘接。干燥后，按车身的宽度用锯条切开并用锉刀修其棱角，最后进行喷漆即可。

3. 小品

建筑小品包括的范围很广，如建筑雕塑、浮雕、假山等。这类配景在整体建筑模型中所占的比例相当小，但就其效果而言，往往能起到画龙点睛的作用。一般来说，多数模型制作者在表现这类配景时，在材料的选用与表现深度上掌握不准。

在制作建筑小品时，在材料的选用上要视表现对象而定，一般可以采用橡皮、黏土、石膏等材料来塑造。这类材料可塑性强，通过堆积、塑形便可制作出极富表现力与感染力的雕塑小品。此外，也可以利用碎石块或碎有机玻璃块，通过粘接、喷色制作出形态各异的假山。一般来说，建筑小品的表现形式要抽象化，建筑模型的表现主体是建筑，过于细致的配景会影响整体效果。

家具、人物、车辆等构件的体量小，细节丰富，形象比较鲜明，模型的观赏者都会潜意识地将这些构件与生活中的实物做比较，手工制作很难尽善尽美，稍有不慎就会影响整体效果。因此，手工制作的意义不大，建议全部购买成品件，虽然这类构件的价格较高，只要布局均衡，合理分配，一般商业展示模型的投资者都愿意承担（图 4-58、图 4-59）。

图 4-58 户外建筑小品（王子薇、贡雨晴）

图4- 59 室内建筑小品

无论是户外建筑还是还是室内建筑小品，都要严格按照比例进行制作，配景小品要选择恰当，适当进行取舍，过于丰富或细致的小品会影响建筑模型的感染力，喧宾夺主。

补充要点

环境配景与建筑的关系

（1）在设计制作大比例单体或群体建筑模型配景时，对于植物的表现形式要尽量做得简洁些，示意明确、比例得当，不能喧宾夺主。树的色彩要稳重，树种的形体塑造应按建筑主体的体量、模型比例与制作深度进行刻画。

（2）在设计制作大比例别墅模型植物配景时，表现形式可以做得新颖、活泼一些，植物配景的色彩也可以鲜艳些，塑造出庭院的氛围，给人一种温馨的感觉。

（3）在设计制作小比例规划模型植物配景时，其表现形式和侧重点应在房子的整体感觉上。行道树与组团、集中绿地应区分开，楼间绿化应简化。

（4）在设计制作大比例景观园林规划模型绿化时，要特别强调景观的特点，尽量把景观植物的种类特征和颜色表达出来。

（5）模型比例的影响：在制作树木时，模型比例制约树木表现效果。树木刻画的程度随着模型的比例变化而变化。

（6）绿化面积及布局的影响：在设计制作模型配景植物时，应根据绿化面积及总体布局来塑造树的形体。

（7）配景植物中树木形体的塑造：塑造树木的形体时，要以方案设计的植物配置为依据，同时也应考虑到模型的整体美感。

第七节
接入电路设备

声、光、电是建筑模型中烘托环境氛围的必要因素，给模型增加电路设备能进一步提高观赏价值，它已成为现代商业展示模型制作的亮点。

一、选择电源

建筑模型中的声音、光照、动力都来自于电能，要根据模型的自身特点与设计要求正确选择电源，常用电源有电池与交流电两种。

1. 电池电源

电池是日常生活中最简单的供电设备，它包括普通电池、蓄电池、太阳能电池等多种。

普通电池适用性很广，单枚电池电压从1.2～12V不等，其使用效能又根据内部原料来判定，普通碳性电池与碱性电池效能较低，适用于少量发光二极管或小型蜂鸣器，可以用在对声光要求不高的概念模型上。单枚碱性电池电压为1.5V，作为双联组或四联组使用后即获得3V或6V的电压，可以保持4～8枚发光二极管持续照明30～60分钟。使用普通电池安全可靠，计算电压时稍有误差均能正常使用（图4-60）。

蓄电池又称为可充电电池，它能将外部电能储存在蓄电介质中，可以反复使用（图4-61）。这类电池主要包括铅酸电池、镍铁电池、氢镍电池、锂电池等。蓄电池外观形态各异，适用范围很广，它的电能效力持久，供电电压从1.2～36V不等。在研究性、概念性建筑模型中也可以使用手机电池作为临时供电设备，它可反复充电使用，供电电压一般为3.6～4.8V，连接时须对用电设备的额定电压进行精确计算。总之，蓄电池的效能较强，对使用电压要进行精确计算，保证用电安全，避免电压过低或过高而造成的危险。

太阳能电池是通过光电效应或者光化学效应直接将光能转化成电能的装置，它主要用于户外展示模型（图4-62）。太阳能电池能有效降低制作成本，可以反复使用。太阳能电池组也可以单独设计，且与建筑模型分离开，将电池组布置在户外而模型仍置于室内。此外，还可以根据模型的营销方式，将电池租赁给客户，待建筑模型展示完毕后再回收利用。太阳能电池的应用更加灵活多变，适合房地产博览会或户外群组展示。

图 4-60 普通电池

普通电池又名干电池，价格低廉，使用方便；但是电容量较低，不适合需要大电流和较长连续工作的场合，且这种电池会造成大量原材料的浪费。

图 4-61 蓄电池

蓄电池又称为二次电池，能将有限的电储存起来，以便在合适的时机使用。蓄电池长时间不用会自行放电直至报废，因此要及时充电。

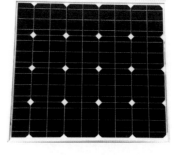

图 4-62 太阳能电池板

太阳能电池板安全环保，且基本无需维修，但是成本高，特别依赖阳光。

2．交流电源

交流电又称交变电流，一般指大小与方向随时间做周期性变化的电压或电流。我国交流电供电的标准频率规定为 50Hz，交流电源能持续供电，电压稳定，主要用于大型展示模型。

目前，各种灯具、音响、动力设备都选用 220V 额定电压，小功率概念模型也可以运用变压器将 220V 转换成 3 ～ 12V 安全电压，在模型制作中能满足带电作业的要求（图 4-63）。如果希望从 220V 交流电中获取稳定的 5V 直流安全电压，可以改造旧手机充电器，将输出电线接头切断，并分为"正"与"负"两极单独连接。转换为低压的电源可以用于小型电动机、水泵、照明灯具供电，发热量小，使用安全。只是注意经过转换后的电源线应大于或等于 900 mm，避免电线过长产生发热造成安全事故（图 4-64）。

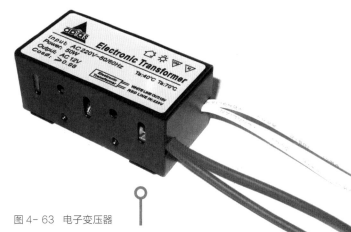

图 4- 63　电子变压器

电子变压器是一种新型的电能转换设备，它不仅具备传统电力变压器所具有的电压变换、电气隔离和能量传递等基本功能，还能够实现电能质量的调节、系统潮流的控制，以及无功率补偿等其他附加功能。

图 4- 64　手机充电器

手机充电器大致可以分为旅行充电器、座式充电器和维护型充电器，一般用户接触的主要是前两种。而市场上卖得最多的是旅行充电器。

二、灯光照明

在建筑模型中安装照明器具，能有效增强原有作品的表现效果，常用的照明灯具有白炽灯、卤素灯、LED 灯 3 类（图 4-65、图 4-66、图 4-67），照明形式又分为自发光照明、投射光照明、环境反射照明。

白炽灯体积较小，可制成各种功率规格，易于控光、没有附件、光色宜人，适于艺术照明和装饰照明。

LED 灯带具有节能、环保的优势，且安装便捷，能够线性投射，美化被照射物的外观。

卤素灯具有简单、成本低廉、亮度容易调整和控制、显色性好、发光效率高、使用寿命长的优点。

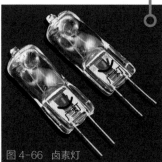

图 4-65　白炽灯　　图 4-66　卤素灯

图 4-67　LED 灯带

1. 自发光照明

自发光即在建筑模型内部安装灯具，从模型构件中发光照明。可以将 LED 灯安装在模型道路两侧及绿化设施的路灯中，进一步加强建筑模型的真实感。自发光照明以真实光照为依据，是商业模型的首选（图 4-68）。

图 4- 68　自发光照明

这种形式主要用于房地产楼盘展示，将白炽灯灯泡安装在建筑物内，灯光可以透过磨砂有机玻璃片向外照射，模拟现实生活中的夜景效果，具有很强的渲染性。

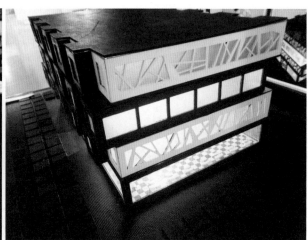

2. 投射光照明

投射光即在建筑模型的外部及周边安装灯具，对模型构件做投射发光照明。一般选用卤素灯，将其安装在建筑模型的底盘周边，也可以在室内顶棚上进行悬挂。卤素灯的照射方向比较明确，平均 $1 \sim 2m^2$ 底盘面积须布置一只 35 W 卤素灯。安装时要注意避免灯光照射到观众眼中形成炫光，防止影响观展效果（图 4-69）。

图 4- 69　投射光照明

这种形式用于辅助自发光照明，对自发光无法到达的区域进行补充照明。

3. 环境反射照明

环境反射照明是指建筑模型在环境空间内的整体照明。建筑模型完成后，要在模型陈列场所做专项灯光设计，所形成的环境光会对建筑模型展示效果产生影响，均匀柔和的漫射光可以照亮模型构件之间的阴暗转角。如果室内环境光不理想，可以将模型放在白色墙壁旁，让白墙或屏风上的反光成为辅助反射光源。

三、音响、动力

音响与动力是除照明以外的又一种高端表现方式，它能配合灯光为建筑模型营造出三位一体的多媒体展示效果，是现代商业展示建筑模型不可缺少的重要组成部分。

1. 音响

音响安装比较容易，但是播放内容要与建筑模型的表现主题相关。简单的音响效果可以采用 CD 机外接有源音箱，针对大型博览会还可以增加功放机以获得更显著的震撼效果（图 4-70）。电源开关与灯光照明同步连接，也可以将 CD 机换成 DVD 机，并增加显示屏或电视机，使建筑方案设计的讲解词、视频图像与背景音乐同步播放，能获得良好的商业效益。

更高端的布置还可以在模型构件中增加压感开关，当手指按压模型中某一处建筑、草坪、道路或小品设施时，音箱会传出不同声效，帮助观众分辨不同功能区。

2. 动力

动力系统主要用于特殊的模拟场景中，如风车、水车、旋转展台等，一般需要安装电动机及皮带、齿轮等传动设备。这一部分的设计制作要融合机械、电子技术知识，通过跨学科联合设计。简单的动力系统可以利用输入电压为 3 V 的小型电动机（图 4-71）。

图 4- 70 音响

复杂的音响系统可以深入模型构件中去，在建筑、草坪、树木、车辆等构件的隐蔽处安装不同声效的蜂鸣器。当电路接通后，音箱会在建筑模型的不同部位先后传出鸟鸣声、风声、落叶声、车辆行驶声等不同声效，让观众有身临其境的感受。

图 4-71 小型电动机

使用直流电源，体积小、重量轻、便于遮掩，是目前高档建筑模型中的主要动力设备。

四、无线遥控

无线遥控技术能通过无线电信号传输来达到控制电路设备的目的。无线遥控分为发射与接收两部分，发射部分也就是无线遥控器，其原理是将控制指令编码之后通过调制方式发送出去，接收器接收到遥控信号后，通过解码得到控制指令从而控制电路设备的运行。无线遥控在建筑模型制作中主要形式为无线遥控开关，满足 0 ~ 50 m 有效距离内对建筑模型的灯光、音响、视频、动力等设备做无线控制的要求（图 4-72）。

遥控技术可以用于建筑模型的讲解演示，操控者无需与模型实体发生接触便能达到控制目的，能在很大程度上体现模型的档次。这类设备可以直接购买成品套件来安装，与电路连接时要注意供电电压，电路安装环境一定要符合遥控设备的使用要求。

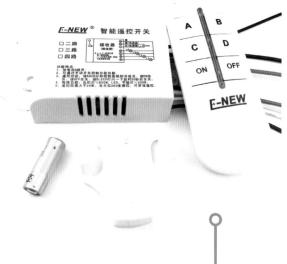

图 4- 72　无线遥控开关

无线遥控开关可以控制模型灯光开关与动力设备启停，一组建筑模型在展示期间，管理与讲解人员管理并控制 2 ~ 4 组照明或动力电源，确保能够满足展示效果需求，如果对分电路要求更多，可以选用更高端的遥控开关产品。

第八节
模型展示摄影

建筑模型完成后需要使用相机拍摄进行永久保存，拍摄是对建筑模型设计与制作的二次表现。拍摄建筑模型要重视选择器材、取景构图、布置光源 3 个方面。

一、选择器材

由于建筑模型的体积不大，主要表现局部细节，因此一般选择近景与微距功能较强的相机，具体相机品牌与型号要根据经济能力来选择。

普通数码相机质量轻，镜头不可更换，最好选择专业相机（图 4-73）。使用专业相机拍摄模型时须安装在三脚架上，使用电子快门线或遥控器控制，因为近距或微距拍摄对握机的稳定性要求很高，轻微的抖动都会破坏画面质量。有了三脚架固定，在相机操控中最好选择光圈优先的拍摄模式，在任何光照环境下都能清晰表现出模型细节。如果条件有限也可以选用小型台式三脚架，能将相机放置在模型底盘上做近距离拍摄（图 4-74）。如果手持相机也可以利用桌面或座椅靠背做支撑固定，在环境光源良好的情况下也能保证清晰的成像质量。

图 4-73 单反数码相机

单反相机只有一个镜头，用来摄影和取景，因此视差问题基本得到解决。取景时来自被摄物的光线经镜头聚焦，被斜置的反光镜反射到聚焦上成像，再经过顶部起脊的"屋脊棱镜"反射，摄影者通过取景目镜就能观察景物，而且是上下左右都与景物相同的影像，因此取景、调焦都十分方便。

图 4-74 三脚架

照片拍摄往往都离不开三脚架的帮助，比如星轨拍摄、流水拍摄、夜景拍摄、微距拍摄等方面。三脚架无论是对于业余用户还是专业用户都是不可忽视的，它的主要作用是稳定照相机，以达到某种摄影效果。最常见的就是长时间曝光中使用三脚架，用户如果要拍摄夜景或者带涌动轨迹的图片的时候，需要更长的曝光时间，就需要三脚架的帮助，达到相机不抖动的目的。

二、取景构图

拍摄建筑模型要对周边环境做情景准备，使用台布或遮板将模型以外的场景遮掩住，保证模型是唯一的拍摄主体。台布或遮板的颜色也会对建筑模型产生反射效应。如果只做简单的布景，可以直接购买纯色的背景布，或选择质地较好的绘图纸，白色背景适应性比较强。如果建筑模型色彩偏淡，也可以选择黑色、蓝色或红色背景穿插搭配，这要根据实际拍摄来灵活掌握。

以第一人称视角对建筑模型进行微距拍摄，可以将模型搬运至草坪上拍摄，光照好且可以利用户外建筑、树木、天空、石堆等真实景观来烘托建筑模型。取景要巧妙，合理利用相机的景深效果虚化环境，不能喧宾夺主。

在建筑模型拍摄中构图很重要。一般而言，对建筑内视模型与规划模型要做对角鸟瞰拍摄，能综观模型全貌（图4-75）；对建筑单体模型要做平视或近距离拍摄，着重表现模型的构造细节（图4-76）；对概念性建筑模型还可以进一步端正拍摄角度，分别拍摄模型各平、立面效果，这有助于记录模型的尺寸与比例。无论从哪种角度拍摄，都要保证最终画面的完整，不应遗漏拍摄模型的各个细节。

图4-75 鸟瞰拍摄

鸟瞰的拍摄方式特别适合规划类建筑沙盘，能够将宏伟广阔的气势表达出来。

图 4-76 近距离拍摄

近距离拍摄时要注意，近距离拍摄能够更清楚地展现建筑模型的细节，并且独特的摄影角度能够营造出别具一格的氛围。

三、布置光源

布置光源是拍摄质量的关键，光线照射到模型表面会产生明暗不均的反差，摄影正是利用这种光影效果来突出立体感。在正常情况下，普通建筑模型没有安装照明，可以搬至室外拍摄，但是要注意避免阳光直射。室内拍摄也可以采用普通台灯配合节能灯泡照明，用白卡纸板或专用反光板反射面，能将光反射到模型上以获得散射光与柔和光。但是这时候要注意，相机中的自动白平衡会不准确，最好用反光板手动调整白平衡。如果条件有限，也可以直接利用自然光，效果并不差。

布置主光源灯时，灯具的位置要根据相机的位置来决定，不要将光布于模型正上方，这样很难表现出建筑模型的立体感，一般选择 45°入射光源，这样拍摄出来的光影效果最平衡，如果选择平行拍摄角度，主光源灯的位置还可以放在 30°左右。

5

第五章

解读建筑模型

制作步骤

○ 章节导读

通常情况下，建筑模型的制作步骤是大致相同的。然而根据建筑模型自身的结构特征，还需要我们调整模型制作的结构顺序。对于材料的裁切、粘接等都要准确精细，不能随意对待任何一个细节，这是提高建筑模型品质的基本要求，也是做好精致模型的基础。模型的拼装不能简单地固化，要根据建筑模型自身的逻辑关系以及其材料的上下顺序与难易程度等，各构件之间的逻辑关系要明确，善于掌控各种连接材料与构件的特性，做到一次成功。整体调整要深入细节，进一步处理好配景与主体建筑的关系（图 5-1）。

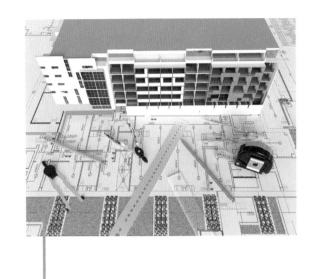

图 5- 1 建筑模型概念图

 第一节

喧闹中的小树屋

在模型制作过程中，首先需要我们对自然界、对生活有一个敏锐的观察，艺术来源于生活，但却高于生活，我们可以从生活的每一个小细节中获取灵感，例如像鸟一样筑巢，像彩虹一样给模型增添不同的色彩，使模型更具有色彩魅力；接下来就需要将创意付诸实践，在制作模型时，要注意每个拼接细节的处理，明确好每个构件之间的关系，务必做到一次成功，完成制作。

在当下快节奏的生活方式中，人们的精神状态经常处于紧绷状态，身体的休息无法缓解精神上的压力，设计者从山野中采集元素，从记忆中寻找童年乐趣，制作了独特的树屋建筑模型，古朴自然的造型令观者可融入其中放松身心（图 5-2）。

图 5- 2 像鸟一样筑巢（邓世超 制作）

这件建筑模型在立意上具有一定创新，主要以自然界中树木的生长形态为雏形。由于收集整理的枯枝有 3 级分叉，于是可以将这件模型的主体建筑分为 3 层，加之自然界树冠高度与树冠横截面积呈正比，且与承载力度呈反比。为了使居住者能够与大自然亲密接触，方案采用半封闭的形式，将棚屋与露台相结合，借清风徐徐、树影婆娑的意境营造出与喧嚣都市截然不同的静谧空间。

建筑模型在制作中应该要注意的问题

建筑模型是体现建筑功能特点的重要工具之一，直观的展示效果可以让建筑的特点得到更全面的展示，为建筑的宣传推广提供更好的条件，同时让人们能够获得更详细的楼盘信息。但是如何才能更好地让建筑模型把建筑的特点表现得更完整，在制作建筑模型时应该注意哪些问题，这里整理了一些关于建筑模型制作的一些技巧，希望可以帮助大家更清楚地了解模型制作事项。

制作小区住宅模型首先要确定模型的尺寸、建筑模型的比例及植物的比例，其次确定小区周边的设施、社区的全貌及周边的绿化等。住宅模型重点在于居住环境的氛围表现，借助灯光、景观来衬托出居住环境的舒适温馨。制作户型单体模型时为了

能让观者更清楚地了解户型的结构，在设计制作过程中，要留有一部分通透性的窗户，方便观者能够透过窗户看到里面的布局，这种设计主要是针对别墅户型，如果是楼盘户型可以直接采用无顶的方式使其了解户型的结构。

整体建筑模型的主要作用就是体现建筑的建筑风格及外墙面色彩，体现建筑地理位置关系及园林景观、局部景观；展示小区高档、经典、美观的设计理念及高尚的居住品位。绿化景观区域水平尺度宜放大一点以显得宽敞，主体竖向尺寸比例宜放大一点以显得挺拔。要把模型的展示效果最大化，还应该配上声、光、电，户内户外应该有各自的灯光光源，这样才能形象地展示出建筑的特点，在制作完成后还要清楚地标注项目名称、建筑比例等信息。

将多根枯枝由基部用细铁丝绑扎在一起，表面再抹一层石膏仿照树皮做出肌理效果，将其固定在牢靠厚实的木质底座上。制作骨架时，可以根据树

木生长的形态将竹筷作为构架绑扎在树干上，初步界定出三个空间平面，在构架交界处粘接柱体，进而搭建屋顶梁架（图 5-3）。

图 5-3 （a-d）模型底座与支撑制作

制作时，注意处理好树枝与竹筷之间的捆绑关系，草绳固定完成后，注意剪去多余的草绳，确保整体模型的观赏性，使用杂草制作屋顶时，可提前观察鸟巢顶部的特点，按其结构顺序来制作，以达到最好的效果。为了达到与自然环境和谐统一，在材料的选

择上多采用质感粗犷的天然材料。除树枝、枯草、麻绳外，还有竹质方便筷、牙签、厚 1.2 mm 仿木纹模型纸板、细铁丝、粉笔、普通纸张与各种小电子元件等。

136

制作地板、墙面与屋顶时，将仿木纹模型纸板裁切成条状，即按比例缩小的木板，再根据实际比例及树枝与各平、立面穿插关系进一步粘接出地板与墙体。这个过程最为烦琐，非常考验耐心与细致度，每块板材都要细致调整，尤其是与枝干交界处都要依具体情况做出适当裁切。最后将收集的枯草剪成 30 ～ 40 mm 的小段，用棉线捆扎成束，铺设在梁架上（图 5-4）。

1.5mm 厚 ABS 板屋顶　　　　木质方杆楼梯　　　　　　　杂草

木质方杆栏杆

图 5- 4 （a- d）树屋搭建

将仿木纹模型纸板裁切成条状后，可以使用砂纸打磨仿木纹模型纸板被切割的部分，方便后期黏合成栏杆等其他构件，处理各平、立面穿插关系时一定要细心谨慎，穿孔不宜过大，这样后期成品模型才会更稳当。

考虑到突出树屋的主体地位与底座大小的限制，环境布置上没有考虑过多的修饰，仅用石膏简单地塑造出自然地形，再将制作干草屋顶的边角余料进一步剪短切碎，铺粘在石膏地形上形成草地。

为了进一步营造建筑模型的浪漫氛围，可在一侧树枝上垂挂一架秋千。除此之外，牙签制作的竹帘、粉笔头雕刻的盆花、发光二极管弯制的灯罩、彩纱缝制的微型抱枕及小巧精致的手工配饰也能增添不少点睛之处（图 5-5）。

图 5-5 （a- f）检查结构、添加装饰

按照比例制作好布面枕头，缝合处注意平整无多余线头，使用竹牙签制作幕帘时，可以在其中穿插丝线，以此来弱化牙签所带来的坚硬感。在制作挂梯时，要注意保证每一节阶梯的间隙基本一致，确保建筑模型的整体性。

对于仿生创意的建筑模型，为了提升观赏价值，在制作最后应当进行整体修饰，使用小剪刀、砂纸等工具修整各构件的边缘。检查各构造之间的连接点，进行强化固定，避免在搬运、展示过程中出现脱落、断裂的现象(图5-6)。

图5-6 （a-c）修饰细节，拍照摄影（邓世超 制作）

模型拼接完成之后检查各构造连接处是否牢固，可以根据需要添加其他成品装饰物，使整体模型不会过于单调。选择作为整体支撑的树枝时，尽量选择有三角开叉的树枝，利于模型的整体固定。

 ## 第二节
多彩建筑

缤纷彩虹糖住宅的创意构思来源于日本的知名建筑"转运阁"，它被称为世界上最花哨的住宅，它不但外形奇特，色彩艳丽，内部也是姿态万千，色彩缤纷，设计师大胆地将各种鲜艳色彩组合在一起，给人以活泼、轻快的感觉。同时，在建筑外部造型上也十分特别，设计师利用立方体、圆柱体、

球体等多种几何形体结合而成。

整体建筑比较复杂，它包括两栋建筑以及连接这两栋建筑的走廊。每栋建筑中的四个窗户分别朝向四个不同的方向开启。这四个窗户的房间形状分别是两个立方体、一个球体与一个圆柱体。此外，转角、走廊、楼顶处还附有大量白色栏杆。

根据建筑本身的特色，采用 1.2 mm 厚的纸板制作立方体，直径 40 mm 的 PVC 排水管制作圆柱体，乒乓球制作球体，窗户玻璃采用透明胶片，窗框与栏杆都用边长 1 mm 的 ABS 杆制作，模型的底座用 20 mm 厚的 PS 板制作（图 5-7）。

图 5- 7 （a- f）材料的基本准备

纸板喷漆时注意要喷涂均匀，可先在备用纸板上进行喷涂练习，锻炼手感，以保后期喷涂时可以一步到位。裁切模型基础造型时，要确保相同造型的模型尺寸一致。

乒乓球开口　　　1.2 mm 厚纸板　　　罐装自动喷漆

纸板几种喷涂油漆　　　　　　　　　　PVC 排水管

在纸板上量出待拼装的具体尺寸后，使用裁纸刀将板材裁切下来。由于直径 40 mm 的 PVC 排水管质地坚硬，要利用切割机来加工。乒乓球开启洞口非常不易，要使用塑料瓶盖在球体上定位，再用铅笔在球上勾出圆形，最后用剪刀小心剪下需要去除的部分，用 600 号砂纸打磨边缘。待所有零件成型后就开始喷漆，相同颜色的构件放在一起，同时喷漆可以最大程度地节省原料。喷涂纸板时要用旧报纸垫底，喷涂 PVC 排水管与乒乓球时，要在内侧粘贴透明胶，防止将油漆喷到内部，影响美观。

将喷好油漆的 20 个立方体组装起来，立方体上的窗户玻璃采用透明胶片从内部粘贴。PVC 排水管

与乒乓球上要先用泡沫双面胶在内垫隔一圈，利用泡沫胶的厚度将胶片固定上去，并在胶片上粘贴窗框。最后将做好的构件逐一组装起来（图 5-8）。

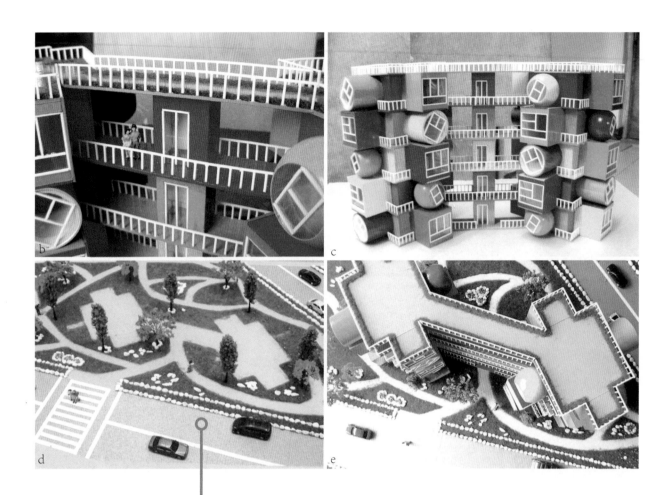

图 5-8 （a-e）建筑基本完成

粘贴模型基础构造时，可先在模板底座上用铅笔标注出各构造的大致位置，以免有遗漏。粘贴绿地粉时，可事先在模型底板上勾勒出需要粘贴绿地粉的具体区域范围，以免出现粘贴错误导致返工。栏杆的数量较多，可以将 ABS 杆切成小段，使用砂纸将每根栏杆的切口磨平后粘贴到扶手上，再将栏杆整体粘贴到模型中的相应部位，粘贴时注意保持平整度。制作栏杆时间较长，最好一次完成，避免隔天制作带来形体上的差异，也可以购买成品栏杆直接安装，但是要注意比例差异。

规划出建筑场景，使用自动铅笔在 PS 底板上勾画出马路、草地、小区道路的具体位置。在马路上贴灰色即时贴，用窄双面胶贴出分道线与斑马线。采用双面胶粘贴到即将铺设草地的部位，然后在双面胶上洒满绿地粉。在场景中可搭配再增设几个小型花坛、成品树，配上人物与车辆，道路上整齐放置白色碎石，以营造出花园的效果。模型的环境场景应尽量丰富，与建筑风格保持一致（图 5-9）。

图 5-9（a-e）
缤纷彩虹糖（陈璐 制作）

选择成品装饰树时，注意成品装饰树与整体模型的比例关系，避免出现树木过于高大以致于影响了主体建筑。花坛数量不宜过多，太多重复一致的物品会给人带来枯燥感，可以适当摆出不同的造型，增添趣味感。选择汽车或其他交通工具时，建议选择当前时代比较流行的款式，紧跟时代潮流，选择成品装饰人物时，可选择正在进行不同活动、不同动作的人物，这样会使模型更贴近生活，呈现的画面更丰富和生动。

第三节
卫生间也要出众

这套模型原版是一个酒店的卫生间，卫生间里充斥着火红色，黑色条纹更增加了时尚的气息，大面玻璃让空间显得通透，洁具隐藏在门后，长度近2 m的水槽在灯光的照射下成为"舞台"中心。

整个模型所形成的空间呈狭长矩形，空间划分较为简单。半侧为封闭的小空间，另一侧为开放的公共盥洗区域。材料多为反光较强的材料，由于内部细节过多，制作的难度也相应增大。

使用 12 mm 厚的白色 PVC 板制作基层墙体，黑色卡纸附上透明塑料膜制作反射较强的地板，红色与黑色卡纸贴上透明胶带纸表现瓷砖马赛克，用水银镜片做了模型里的大幅镜面，PC 透明板是盥洗台的主材，泡沫是洁具的主材，用铁丝制作水龙头，模型中的不锈钢材料则全部采用易拉罐的包装表皮（图 5-10）。

图 5-10 （a-f）基础构件

模型内细节较多，制作时需细致耐心，对于盥洗台和马桶这类小物品，制作时需要保证每个大小、形状都一致，可在模型内增加小型花草，使整个模型更精致，更贴近设计主题。

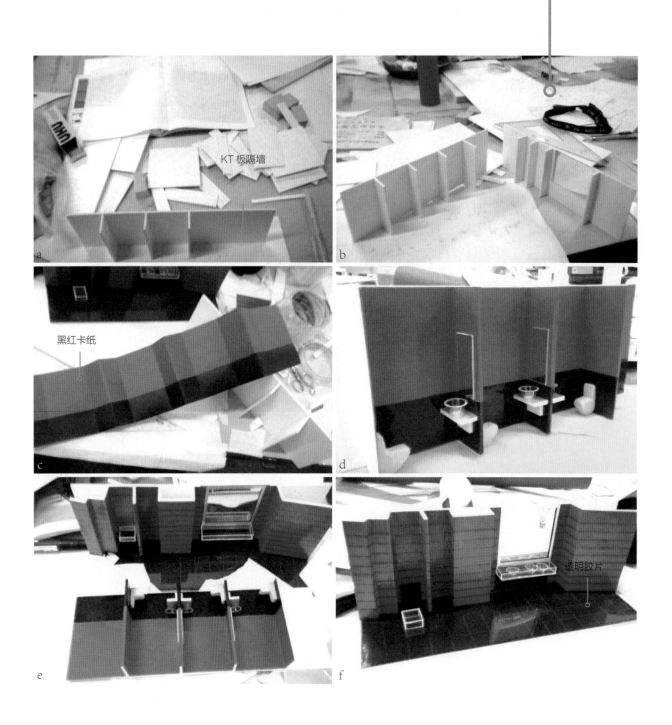

模型墙体部分的 PVC 发泡板适合用美工刀切割，经放样图纸计算后在其上画好尺寸即可用来切割成块（图 5-11）；PC 透明板则必须用专用的勾刀来切割；加工不锈钢材料的铝制易拉罐使用剪刀剪裁易出现边缘卷曲，因此最好使用美工刀切割；马赛克形块体积小，制作困难，可以将透明塑料胶带纸贴在彩色卡纸上再用美工刀划出瓷砖分格，裁切过程中要控制力度，以防将纸划破。

图 5- 11 （a- e）拼装与组合

注意留好门洞位置，保证各门洞尺寸一致，控制好每个空间的面积，保证比例均衡。注意处理好卡纸模型与 KT 板底座的黏合部位，避免出现黏合不均导致模型两边一高一低。

模型制作步骤应由分到总，先将模型分类制作完毕再组合拼粘。例如，制作墙体时先将基层按尺寸切割好后，采用模型胶粘连，再将表层装饰沿着基层折叠出痕迹后，附在基层上面进行固定。模型中的推拉门要在墙体与地面固定之前装入墙体底端预留的凹槽中。玻璃镜装入时，由于自身厚度较厚，直接贴在墙体表面会严重影响美观，需先在墙体上开出镜面大小的洞，将镜面卡进去，最后在墙面背面粘贴固定。

像盥洗池里的出水口与顶面射灯灯筒都可以直接粘贴上反光纸裁剪好的圆形贴片模拟；地面地砖缝可以在塑料片上用刀划出痕迹，也可在下面的卡纸上用铅笔画出线条表现。如果希望表现洁具的反射效果也可在雕刻好的泡沫上喷白漆等，为了达到更真实的效果，也可选择其他材质（图5-12）。

图5-12 （a-h）公共卫生间（李建华 制作）
就像真实空间需要灯光营造效果一样，建筑模型也要营造效果。为了模拟射灯效果，可以在模型顶面及地面钻好洞口，将并联的LED灯固定在洞口上即可，这样就能营造出良好的灯光效果。内视建筑模型的制作要领在于精致，模型体量不必很大，但是制作工艺一定要高。

第四节
典型的美式乡村

　　这件模型的风格以目前比较流行的美式乡村风情为主，顺应当前我国小型建筑、别墅的设计潮流，具有一定的时尚性。模型主要表现建筑的木质墙板、大坡度倾斜屋顶、悬挑走道、烟囱、顶窗等特色构造，在制作过程中强调精细的工艺（图5-13、图5-14）。

　　建筑模型主体构造并不复杂，主要结构是大坡度屋顶，屋顶上开设两个窗户，需要单独制作。计划在模型中安装电池盒与灯具，为了方便控制开关，可以利用建筑旁边的宠物房放置电池盒。

图5-13 （a-f）基本材料与拼装流程

建筑主体墙板采用5 mm厚发泡PVC板制作，外部采用502胶水粘贴木纹壁纸，壁纸为家居装修的剩余角料，成本低廉。屋顶采用褐色瓦楞纸覆盖，边缘粘贴边长2 mm木条。大底盘为25 mm厚PS板与3 mm厚PVC发泡板，小底盘为18 mm厚木质指接板，纹理与木纹壁纸基本一致。为了保持视觉上的稳固，底盘周边也用双面胶粘贴了褐色瓦楞纸。整件模型采用强力透明胶、双面胶粘接即可，关键在于木条的截面应打磨方正，控制胶水残留痕迹。电线穿墙时，在墙板的对应部位用加热的螺丝刀钻孔。严格控制窗台、屋檐、栏板、楼梯等木质构造的工艺，制作完成后可以用600号砂纸打磨。

加热螺丝刀的使用

使用螺丝刀钻孔时要提前在模型上用铅笔标注出孔的位置和大小，加热螺丝刀之后就可以直接钻孔。在使用时要注意一次到位。

由于在模型建筑中，部分内面是处于外部的，因此在包边时要格外注意使其保持整齐。

在模型基本制作完成之后，要注意打扫碎屑与清理毛边，因为美式建筑的外观讲究干净利落。

图5-14 （a、b）美式乡村风情（杨晓琳 制作）

电线穿墙时尽量走直线，避免交叉，一方面是为了整体的美观，另一方面也是为了保证电路顺畅，不会出现短路的情况。在整体模型完成之后，要注意对边缘的细节进行处理，不要产生胶水外漏或是毛糙边缘。也可以适当增加一些景观小品，但要符合整体设计的风格。

第五节
曲面与几何的美感

这件模型在彩色光线映照下，借着泛碧波的底面显得超凡脱俗。模型、底面、光线三者珠联璧合，使得整个作品大气、清新、流畅。

将完成的模型构件进行组合，曲面形体黏合时要格外注意拼接的准确性，上胶后需要长时间固定。底座选用质地坚硬的塑料管做柱底支撑，打破传统支撑方式。曲线比例是按照人体工程学的标准进行设定的，所以无论是从模型的触感，还是实体建筑，它的视觉效果都非常完美（图 5-15）。

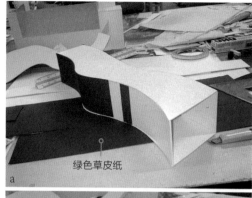

绿色草皮纸

a

b

银色厚纸板

墨绿色瓦楞纸板

d

15 mm 厚 ABS 管

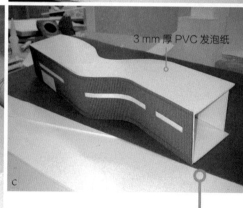

3 mm 厚 PVC 发泡纸

c

图 5- 15 （a- d）模型基本材料介绍

这是个言简意赅的作品，构造极其现代，整个模型以方体、柱体与曲面为元素，以流畅的线条一气呵成，采用 PVC 发泡板制作基础形体，管道侧面采用瓦楞纸覆面，留空构造为透窗与出入口。制作时注意控制好 ABS 管之间的距离；粘贴瓦楞纸时，注意瓦楞纸与发泡板之间不宜有间隙，以免后期瓦楞纸脱落；粘贴银色纸板时注意将边缘修整整齐。

将组合的模型按比例叠加，在顶面贴上绿色草皮纸，侧面采用蓝色透明胶片装饰。底面选用蓝色透明胶片垫底，营造出海水的氛围。模型底面安装彩灯，通过透明胶片反射到周边的物体上，通过反射光来衬托模型的灵动。底面大范围以圆形为元素，选用圆形做蘑菇状的亭台水榭，打破空寂的"碧波"。亭台水榭下面的点状草坪，突出环保理念，突出简约清新的效果（图 5-16）。

图 5- 16（a- c）　行云流水（董多　制作）

粘贴草皮纸时注意收边，特别是模型曲线处。组合拼装时注意轻拿轻放，避免模型出现损伤。

向往的家园

这件模型将手工习作建筑模型的制作工艺发挥至最高水平。模型材料的品种丰富，后期采用成品构件，能提高制作效率，从制作过程至最终效果，与采用切割机制作的商业展示模型效果相差无几。

建筑模型主体采用PVC发泡板制作，门窗采用蓝色磨砂胶片从内部粘贴，蓝色瓦楞纸制作的屋顶边缘采用ABS方杆收口。建筑外墙局部铺贴彩色图案贴纸，使建筑显得更有层次。模型的顶盖保留一部分，以便随时修整模型的内部构造时方便粘贴（图5-17）。

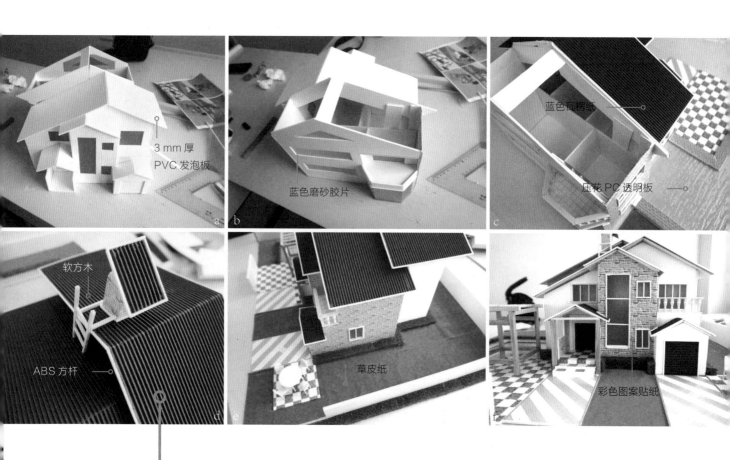

图5-17 （a-f）基本材料简单介绍

将完成的建筑模型主体粘贴至PS板底盘上，在模型周围放线定位，铺贴草皮纸制作草地，将彩色图案贴纸粘贴在PVC发泡板上，制作地面铺装道路，采用软质木杆制作小品、围墙等。有选择地购置一些成品构件粘贴到模型场景中。配景制作要求特别精致，制作工艺水平甚至要超过建筑主体，才能满足高标准的观赏需求。

草皮纸接缝部位可以用绿色草粉铺撒掩盖。树木一般购买成品件，穿透草皮纸，插入 PS 板底盘中即可，树干根部采用强力透明胶做局部固定。彩色且低矮的树木放置在建筑前方，单一且高大的树木放置在建筑后方。将成品绿化灌木整齐地粘贴至建筑外围的墙角处，仔细修剪整齐，最后在整体绿化部分表面均匀撒上彩色海绵树粉进行装饰。

由于是长期制作的模型，在制作后期，前期制作的模型与配景可能会发生松动或脱落，这时需要使用 502 胶水再次强化固定。将厚纸板裁切为边条贴在模型底板周边做装饰，并使用剪刀、砂纸、裁纸刀将各细节部位重新修整一遍（图 5-18）。

双层 3mm 厚 PVC 发泡板

25 mm 厚 PS 板

成品 PVC 灌木

边长 5 mmABS 方杆

成品树木

成品 ABS 户外家具

3 mm 厚 PVC 发泡板与彩色图案贴纸

图 5-18 向往的家园（卢永健 制作）

习作建筑模型的制作材料、工具简单，花费的时间也并不多，但是工艺可以无限提高，其展示、收藏的价值更高。因为制约建筑模型品质的核心在于制作者，而不是机械设备。在学习过程中可以借用机械设备，但不能完全依靠。

第七节
立体生态办公

这件模型表现的是一间现代办公空间，整体设计追求简洁的造型，空间通透，设计创意的灵活性很强，制作精细，使用材料普及率高，是建筑室内外创意设计的良好表现方式，适合设计师在创意阶段精致制作。

在正式制作模型之前，要预先设计好图纸，并将图纸按比例打印出来，打印后可以随时查看图纸上的数据尺寸，即使没有标注也可以根据比例来测量计算，得到准确的数据便于模型制作（图 5-19）。制作模型基础底板要保持平整，底板可以选用空心画板（图 5-20）。

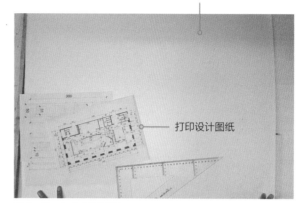

5 mm 厚 PVC 发泡板

打印设计图纸

图 5-19　打印设计图纸

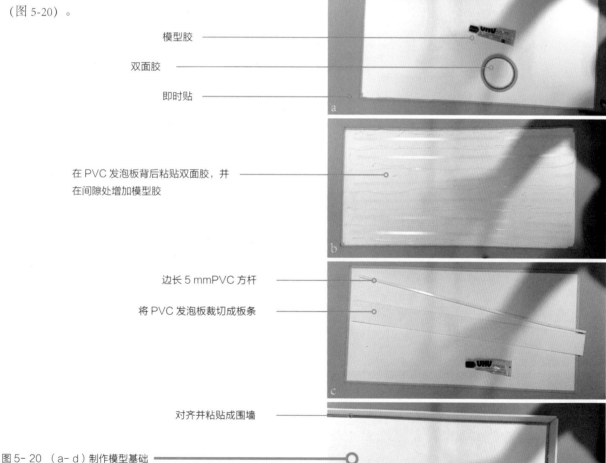

模型胶

双面胶

即时贴

a

在 PVC 发泡板背后粘贴双面胶，并在间隙处增加模型胶

b

边长 5 mmPVC 方杆

将 PVC 发泡板裁切成板条

c

对齐并粘贴成围墙

图 5- 20 （a- d）制作模型基础

在木质板材或其他硬质板材上制作基础，一般会选用有色即时贴不干胶纸全面覆盖，在表面继续粘贴 PVC 板，这样会使基础底板更平整结实，具有一定厚度的 PVC 板可以钻孔，方便牢固安装各种构件。

d

模型的主体主要包括多层地面、围合墙体、架空楼板、特殊建筑造型等，这些主要采用 5 mm 厚 PVC 发泡板与彩色图案即时贴纸来制作，即时贴纸可以完全包裹并粘贴在 PVC 发泡板表面，视觉效果良好（图 5-21）。建筑模型中的树木、家具、人物、车辆等一般都选用相应比例的成品模型，直接购买后粘贴在指定位置，其中树木的安装比较特殊，可以采用手电钻在基层板材上钻孔，深度 10 mm 即可，再将成品树木的模型底部涂上模型胶，插入孔中（图 5-22）。

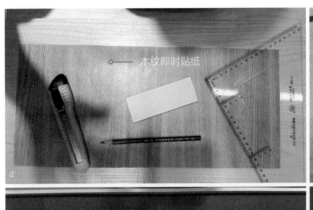

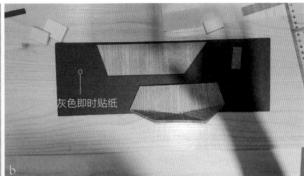

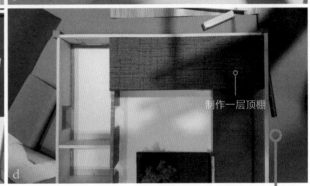

图 5-21（a-d） 制作主体结构

主体建筑构造全部采用 PVC 发泡板制作，表面粘贴各种颜色的即时贴纸，拼接起来很方便，注意纵横向结构的支撑点，不能完全悬空。

图 5-22（a-c） 添加树木与细节

建筑模型的档次源于精致感，而精致感主要体现在成品树木、家具等构件上，对于建筑结构主体要符合整体效果，主要在收口构造上下功夫，将各种材料的切断面遮挡。

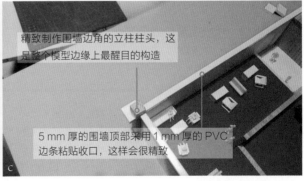

模型制作完毕后要静置 24 小时，观察可能出现的构造脱落、板材变形等问题，发现问题及时修补，最后用电吹风机将表面灰尘清理干净，如果长期存放而不用于展示，可以将其用保鲜膜完全覆盖后收藏起来（图5-23）。

图5-23 （a-e）立体生态办公（牟思杭 制作）

这件立体生态办公模型结构简单，不缺乏设计亮点，色彩搭配醒目，具有浅（白色）、中（木纹色、红色）、深（深灰色）三个层次，制作精致、耗费时间短、成本低廉，适合在设计过程中为客户提供中期创意方案展示。

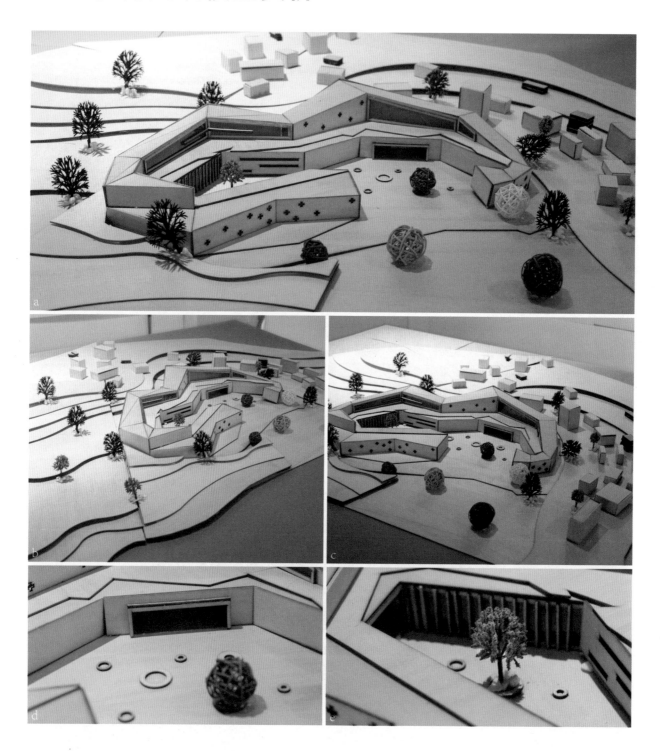

图 5-23 （a-e）对话传统——建筑概念模型（赵璐琦、龙宇　制作）

这是关于传统文化展馆的概念模型设计，该模型采用了几何式的线条
去塑造一种带有流动性的弧状，以薄木板作为主要建筑材料，其自身
的颜色就带有古朴自然的韵味，周围地形的流线形切割与模型本身相
互呼应。

154

图5-24 （a-c）
小人国儿童乐园——建筑规划模型（丁润怡、吕相杭 制作）

这是关于建筑规划设计的模型，材料采用了 ABS 板材，在水面的处理上使用了蓝色透明有机玻璃板，整个建筑模型色调清新、雅致。

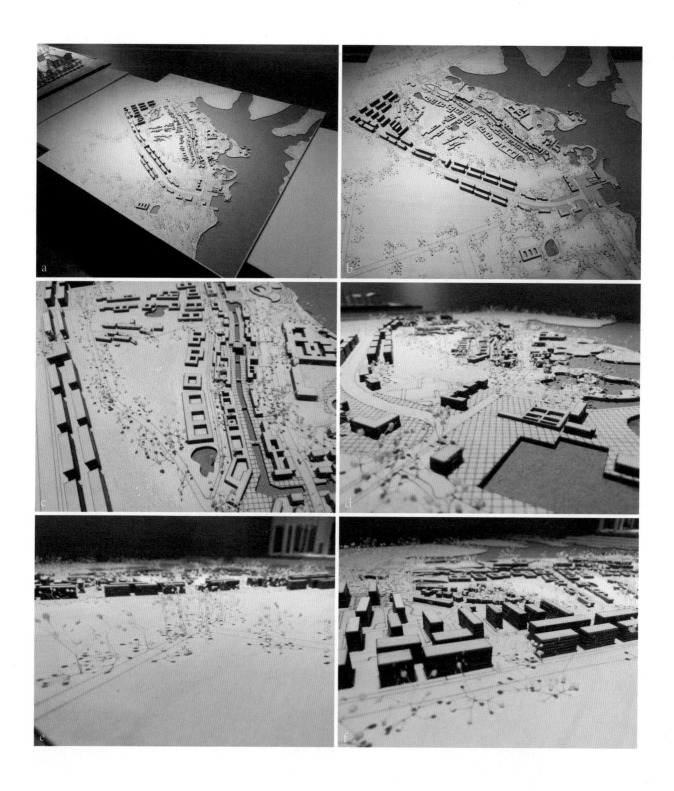

图 5- 25 （a- f）巴河镇望天湖田园小镇——建筑规划模型（洪立昂 制作）

整体使用木色原色为基调进行设计，对水面的处理也是直接运用了密度板，
让色调非常调和，在建筑上采用了模块化的形式，搭配简单的树木造型，重
点表现建筑规划的形式与理念。

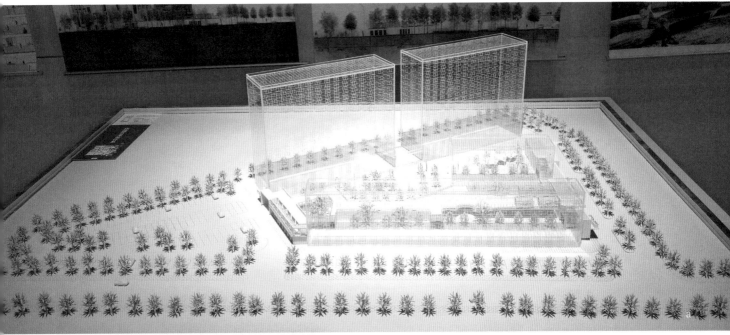

图 5-26 （a-e）当代高新技术园区
——景观规划模型（郑钧予、施志斌 制作）

景观规划设计为主的模型一般采用 ABS 板进
行制作，统一颜色为白色。为了重点突出景观
的规划设计，建筑采用了透明有机玻璃板，弱
化建筑的存在，突出周围景观。

图5-27（a-g）人·物·境——住宅建筑模型（王琪、李静 制作）

这个住宅建筑模型采用了多种连接的方式，以树枝、秸秆等多种自然材质进行制作，将传统
民俗建筑的古朴感与亲切感充分展现出来，落叶与枯枝的运用让整个模型建筑景观给观者以
身临其境之感。

图 5-28 （a-f）封闭与开放——景观规划模型（吕恒菲、张磊 制作）

这是一件公园景观规划概念模型，以木材为主要原料，营造出亲近自
然的氛围，水面采用了压花半透明有机玻璃板，在投射照明下显得波
光粼粼。

参考文献

[1] 科诺，黑辛格尔. 建筑模型制作：模型思路的激发（第二版）[M]. 王婧，译. 大连：大连理工大学出版社，2007.

[2] 安斯加·奥斯瓦尔德. 建筑模型 [M]. 丛立宪，刘微，译. 沈阳：辽宁科学技术出版社，2008.

[3] 克里斯·B·米尔斯. 建筑模型设计 [M]. 严春生，译. 北京：机械工业出版社，2004.

[4] 克里斯·B·米尔斯. 设计结合模型——制作与使用建筑模型指导 [M]. 李哲，尚蓉，译. 天津：天津大学出版社，2007.

[5] 汤姆·波特，约翰·尼尔等. 建筑超级模型 [M]. 段炼，蒋方，译. 北京：中国建筑工业出版社，2002.

[6] 仓林进. 室内设计模型制作 [M]. 王超鹰，黄予立，译. 上海：上海人民美术出版社，2007.

[7] 黄源. 建筑设计与模型制作——用模型推进设计的指导手册 [M]. 北京：中国建筑工业出版社，2009.

[8] 洪惠群，杨安，邬月林. 建筑模型 [M]. 北京：中国建筑工业出版社，2007.

[9] 郑建启，汤军. 模型制作 [M]. 北京：高等教育出版社，2007.

[10] 崔丽丽，褚海峰，黄鸿放. 环境艺术模型制作 [M]. 合肥：合肥工业大学出版社，2007.

[11] 刘俊. 环境艺术模型设计与制作 [M]. 长沙：湖南大学出版社，2006.

[12] 朴永吉，周涛. 园林景观模型设计与制作 [M]. 北京：机械工业出版社，2006.

[13] 郎世奇. 建筑模型设计与制作 [M]. 北京：中国建筑工业出版社，1998.

[14] 严翠珍. 建筑模型：设计·制作·分析 [M]. 哈尔滨：黑龙江科学技术出版社，1999.

[15] 郭红蕾，阳虹，师嘉. 建筑模型制作——建筑·园林·展示模型制作实例 [M]. 北京：中国建筑工业出版社，2007.